スキーム図解

公民連携パークマネジメント

人を集め都市の価値を高める仕組み

大和総研 主任研究員
鈴木文彦 著
SUZUKI Fumihiko

学芸出版社

はじめに

本書を手に取っていただきありがとうございます。

この本がテーマとする都市公園は以前に比べ多様化しています。子育て、にぎわい、木漏れ日の安らぎ、レジャー拠点から観光資源としての公園まで「公園とは何か」という問いに一言で返すのは難しいです。ハイウェイオアシスも公園ですし、ショッピングモールにも公園が併設されています。

また、公園を含む公共施設は老朽化が社会問題となっています。かたや少子高齢化で現役世代が減少し予算制約は厳しさを増していきます。財政逼迫の折、民間資金を活用した施設整備が求められています。他方、民間の創意工夫を公園経営に導入する仕組みの注目度が高まってきました。元々、都市公園の場合は管理許可制度など「運営権」にも似た民間経営の手法があり、近年はそれらがパッケージ化されたPark-PFI制度も登場しました。

このようなことを踏まえ、本書では都市公園にかかる経営戦略と公民連携に重点を置いて説明しています。

本書は5つのCHAPTERで構成されています。まずはCHAPTER 1で公園の経営戦略について考察します。ポイントは、錯綜する利害関係の中で個々の役割分担を定めるポジショニング戦略と、個々の役割分担を踏まえ自治体、民間の強みを活かし弱みを補う公民連携の戦略です。

CHAPTER 2、3はケーススタディです。単一の施設づくりから公園全体のプロデュースまで、「稼ぐ公園」の15事例を解剖します。公民連携のスキーム図を横串に、“3方よし”の切り口で説明します。ここで3方は自治体、民間、住民でそれぞれ行政予算の節約、ビジネスの活況そしてエリアの魅力向上を意味します。カフェからスタジアムまで大小の事例を用意しました。選定の着眼点は各事例の最後に触れていますが、その後の類似事例のきっかけとなったもの、あるいは類似事例の中で最も特徴的なものを選んでいます。15事例の周辺事例にも触れていますので、本書でとりあげた事例は相当数に及びます。

CHAPTER 4でこれら3方よしが公民連携手法を通じていかにもたらされるのか、そのメカニズムについて深堀りします。メカニズムの理解は本書で紹介した事例を咀嚼し実践するのに重要です。公園経営にかかるコスト削減、サービス向上において民間の何が強みなのか。公園ビジネスに参入するにあたって採算面の課題を公民連携でいかにクリアするかを考えます。

最後に、パークマネジメントはどこから来てどこに行くのか。その問いに答えるのがCHAPTER 5のテーマの「まちづくり」です。街路とともに公園が新たな都市軸となることで、分散した中心街が一段高いレイヤーでまとまります。歴史と自然をコンセプトに住まう街としての再生に向けた「公園まちづくり」で本書を締めくくります。

本書は公園を軸にまとめていますが、公園をケースとした公民連携ファイナンスの本でもあります。観光振興、地域活性化、まちづくりなど様々な切り口で読んでいただけます。都市公園を活かした事業企画に関心がある方はもちろん、民間資金による地域活性化、脱炭素社会に貢献する投資が気になる方にもおすすめです。まちの魅力を高めるインクルーシブな公共空間づくりのヒントにもなります。

2022年12月吉日

鈴木文彦

目次

CHAPTER 1

「稼ぐ」パークマネジメントとは

公園の「経営戦略」について説明します。
まずは外部環境を機会と脅威の２つの側面から考えます。機会といえば多様化かつ高度化した公園ニーズが、脅威といえば公園施設の老朽化や財政逼迫が挙げられます。高齢化によるニーズの変化も重要です。
環境変化を踏まえ、本章で述べる具体策のひとつが個々の公園の役割を配分する公園のポジショニング戦略です。もうひとつが公民連携です。重要なのは自治体と民間のそれぞれの強みと弱みを意識することです。戦略目標を端的に表したのが「稼ぐ公園」です。その成否は自治体、民間そして住民の「３方よし」で評価されます。

1 人を集め価値を高める新しい公園経営

1 公園とは何か

公園の定義と７つの機能

公園とは何でしょうか。国土交通省の都市計画運用指針（第 12 版）には次のようにあります。

> 主として自然的環境の中で、休息、鑑賞、散歩、遊戯、運動等のレクリエーション及び大震火災等の災害時の避難等の用に供することを目的とする公共空地

ちなみに公園とは別に緑地の定義も次のように記されています。実際の公園は緑地の内容を含んでいます。

> 主として自然的環境を有し、環境の保全、公害の緩和、災害の防止、景観の向上、及び緑道の用に供することを目的とする公共空地

住宅街の一角にある公園からテーマパークとみまがう公園まで、一口に公園といっても様々なものがあります。国土交通省の広報資料「市民の暮らし、都市の活力を支える都市公園の多様な機能」では都市公園の主な機能が７つに分類されています。

都市公園の主な機能

観光	**内外からの観光客の誘致 等**
活力	**地域活性化、まちの賑わい創出 等**
子育て	**子育て支援、健康・レクリエーションの場 等**
防災	**災害時の避難地、防災拠点 等**
環境	**生物多様性保全、都市環境保全 等**
景観	**都市のシンボルの形成、都市の風格を形成 等**
文化	**歴史的な景観の伝承、文化芸能や技術の継承 等**

出所：国土交通省「市民の暮らし、都市の活力を支える都市公園の多様な機能～都市公園のストック効果～」

1番目は**観光**です。広報資料では『「日本3位」のテーマパーク』の見出しで千葉県船橋市の「ふなばしアンデルセン公園」が紹介されています。外国人観光客を誘致するコンテンツとして城址公園もあります。公園は観光振興の目玉になります。

2番目は**活力**。地域活性化や街の賑わい創出をもたらす公園です。観光振興による経済活性化は言うまでもなく、来園者向けに設えた公園カフェやレストランは地元商業にとっての新たなビジネス機会になりえます。

3番目の**子育て**機能といえば住宅地の児童公園が頭に浮かびます。子どもに限らず老若男女の健康、レクリエーションの場としての機能もあります。健康といえば夏休み期間には朝のラジオ体操の会場になります。運動公園には野球場、テニスコート、市民プールなどがあります。レクリエーションといえば、桜の季節のお花見。夏のバーベキューが思い浮かびます。郊外のいわゆるリゾート地の公園にはキャンプ場、フィールドアスレチックなどがあります。

生物多様性も役割の内

4番目は**防災**です。江戸時代の城下町には火事の延焼を防ぐための火除け地がありました。現代も、地震等の災害が起きたときの一時避難場所に指定される公園が多くあります。応急給水のため地下に緊急貯水槽がある公園もあります。

5番目の**環境**には生物多様性と都市環境保全が含まれています。郊外の大規模開発に伴う自然破壊がかつて問題となりました。元からあった自然環境ひいては生態系を守る機能が公園にはあります。ビルが密集する都会の緑も貴重です。近年のヒートアイランド化を緩和する効果も期待されています。

6番目は**景観**です。定禅寺通のケヤキ並木は「杜の都」仙台のシンボルになっています。うっそうとした大通りの並木道の中央分離帯は定禅寺通緑地という都市公園です。

最後、7番目が**文化**です。例えば上野恩賜公園には東京国立博物館や国立西洋美術館など、わが国を代表する文化施設が集まっています。

あるべき公園像はひとつではない

このように公園の役割は多様で、公園とは何かという問いに一言で応えるのは難しいです。少なくとも、**あるべき公園像はひとつではありません**。地域住民のための公園もあれば、県外あるいは海外から人を集める公園もあります。子どもの遊び場でもあれば、思索にふける静寂な散歩道でもあります。都会で一息つくのに訪れるうっそうとした木々が特徴の公園もありますが、他方で美術館や野外音楽堂など施設中心の公園もあります。プロ野球の試合が開催されるような大規模スポーツ施設が街のシンボルとなっているケースもあります。

公園の種類

本書で想定する公園は主に都市公園ですが、法制度にとらわれず、外観や機能において都市公園に準じるものであれば幅広くとりあげています。

厳密にいえば公園は国や地方自治体が設置するものに限られます。営造物公園と地域制公園に大別され、都市公園は営造物公園に分類されます(図表1･1)。営造物公園に対する概念が地域制公園です。自然公園法に基づき、優れた自然の風景地を保護するために国や都道府県が指定したエリアをいいます。例えば福島、山形、新潟の3県にまたがる磐梯朝日国立公園があります。

地域制公園が自然を「まもる」公園とすれば、営造物公園は積極的に「つくる」公園と言えます。都市公園にも樹林や湖沼を活かした風致公園という区分がありますが、同じ自然とはいえ、手つかずの大自然を残すというよりは、元々の自然を活かしつつ、植栽や芝生、滝や池などの修景施設を人の手を加えて作り込むイメージです。放置するわけにはいかないので相当程度の除草費、樹木の剪定費や芝生の養生費がかかります。

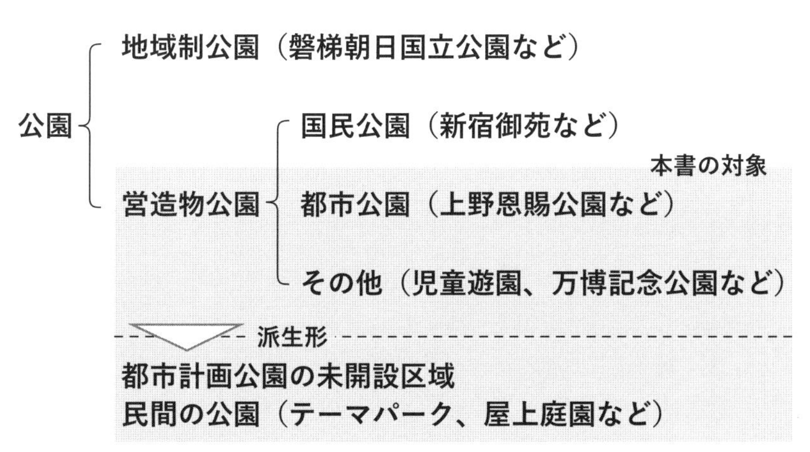

図表1･1　公園の種類（出所：著者作成）

都市公園以外の営造物公園にはどのようなものがあるでしょうか。例えば皇居外苑や新宿御苑、京都御苑など国民公園があります。東京都の公園調書によれば、2021年（令和3）4月1日現在、都市公園8,330箇所に対し、都市公園以外の公園が3,712箇所あります。そのうち数の上で多いのが児童福祉法に基づく児童遊園[*1]です。その他、晴海ふ頭公園など海上公園もあります。都市再生機構（UR）や東京都住宅供給公社が設置する公園もこちらに分類されています。

東京都以外ですと、例えば大阪府の万博記念公園は営造物公園ですが都市公園法上の公園ではありません。

広義の公園[*2]

本書では、民間が整備する広義の「公園」も対象としています。この場合、公園状のオープンスペースといったほうが正確かもしれません。渋谷区の宮下公園は都市公園ですが商業機能含む複合施設「MIYASHITA PARK」の屋上にあります。かつて百貨店の屋上に子ども向けのミニ遊園地がありましたが、遊園地の代わりに、最近は公園状のオープンスペースになっているケースが多くあります。ショッピングモールのオープンスペースで公園をコンセプトとしたものも増えています。いずれも都市公園ではありませんが、外観、機能においては公園に他なりません。

民間が整備運営する遊園地やテーマパークも本書では「公園」です。

法制度上の公園ではないものの実態上の公園といえば、都市計画公園の未開設区域にも該当するケースがあります。都市計画公園は都市公園と名前が似ていますが異なります。都市計画公園は都市計画で定められた公園の区域です。公園予定地といってもよいでしょう。はじめに区域だけ決めておき、用地買収の進捗に応じて都市公園を開設します。ただし実際は様々な事情によって未開設のままであることも少なくありません。それにもかかわらず、中には周囲の都市公園と一体化しているケースがあります。

例を挙げると、上野恩賜公園は53.8 haの都市公園ですが、都市計画公園の「上野公園」は82.5 haです。差分は園内の東京国立博物館、東京文化会館、東照宮や寛永寺の敷地などです。これらの部分は都市計画公園ですが都市公園ではありません。厳密にいえば上野公園のうち都市公園として開設済みのものが上野恩賜公園ですが、一般的には、開設済み、未開設の部分の区別なく全体をもって上野恩賜公園と認識されています。

他には、都市計画公園「後楽園公園」のうち都市公園として開設されているのは日本庭園が有名な小石川後楽園の部分です。後楽園公園には東京ドームや東京ドームホテルがある部分も含まれますが、この部分は都市公園ではありません。

都市公園の種別

都市公園について説明します。全国で約11万の都市公園がありますが、そのうち9万は街区公園です。次に多いのが都市緑地で9,300弱あります。少ないのは国営公園で17箇所。レクリエーション都市公園は8箇所です。都市林は159箇所ありますがその4分の3が川崎市と横須賀市です。

都市公園は誘致圏で区分することができます（図表1･2）。誘致圏が小さいものから大きいものに並べると、街区公園、近隣公園、地区公園、総合公園、広域公園となります。圏域が広くなるほど規模が大きくなります（図表1･3）。誘致圏の最小単位が250 m半径の「街区」で、街区を単位に配置された種別が街区公園です。2021年（令和3）3月末現在90,030箇所あり、箇所数で公園全体の8割を占めます（図表1･4）。公立小学校が約19,000校ですので、学区に4～5箇所ある計算です。

街区公園は1993年（令和5）に都市公園法が改正されてからの名称です。旧称は児童公園といいました。「もっぱら児童の利用に供することを目的」（都市公園法（旧）第2条）とし、「児童の遊戯に適する広場、植栽、ぶらんこ、すべり台、砂場、ベンチ及び便所を設けるものとする」

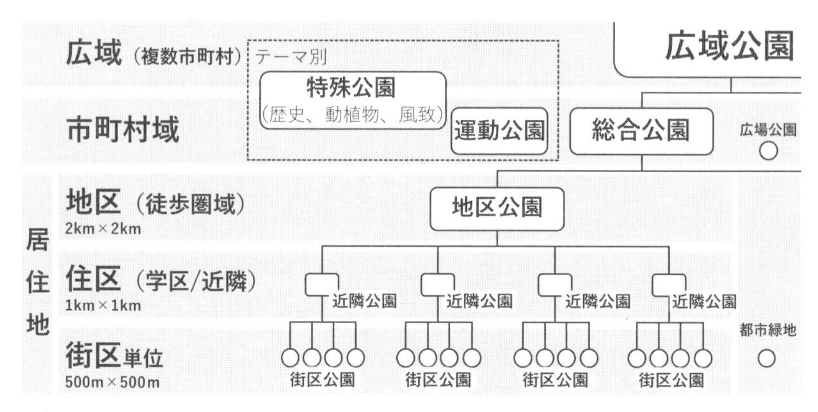

図表1･2　誘致圏と都市公園の種別（出所：筆者作成）

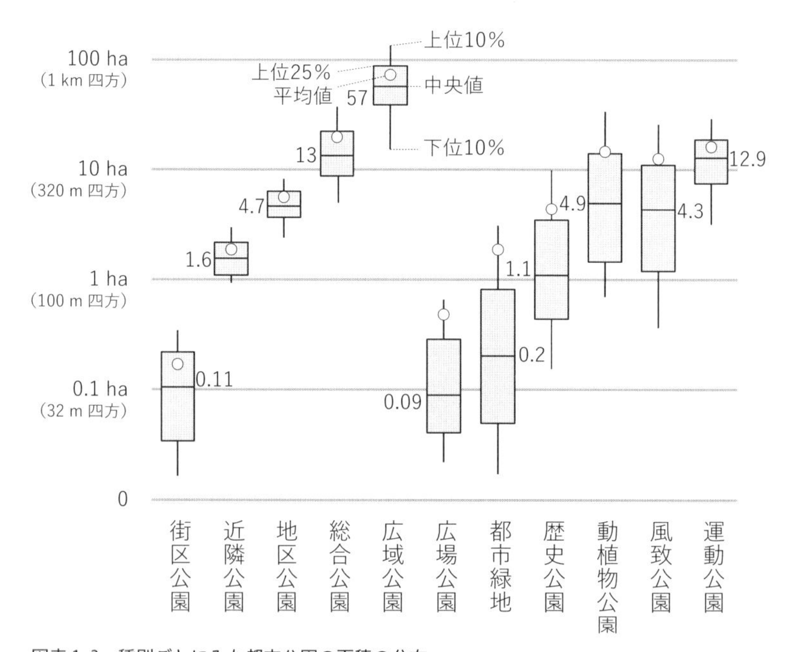

図表1･3　種別ごとにみた都市公園の面積の分布
（出所：国土交通省「都市公園データベース」（令和3年3月31日現在）から筆者作成）

図表 1・4　都市公園の種別ごとにみた箇所数・面積・内容

種別	箇所	面積（ha）	内容
街区公園	90,030	14,457	主として街区内に居住する者の利用に供することを目的とする公園で1箇所当たり面積 0.25 ha を標準として配置する
近隣公園	5,832	10,510	主として近隣に居住する者の利用に供することを目的とする公園で1箇所当たり面積 2 ha を標準として配置する
地区公園	1,632	8,685	主として徒歩圏内に居住する者の利用に供することを目的とする公園で1箇所当たり面積 4 ha を標準として配置する
総合公園	1,389	26,401	都市住民全般の休息、観賞、散歩、遊戯、運動等総合的な利用に供することを目的とする公園で都市規模に応じ1箇所当たり面積 10 ～ 50 ha を標準として配置する
運動公園	838	13,069	都市住民全般の主として運動の用に供することを目的とする公園で都市規模に応じ1箇所当たり面積 15 ～ 75 ha を標準として配置する
広域公園	222	15,220	主として一の市町村の区域を超える広域のレクリエーション需要を充足することを目的とする公園で、地方生活圏等広域的なブロック単位ごとに1箇所当たり面積 50 ha 以上を標準として配置する
レクリエーション都市	8	569	大都市その他の都市圏域から発生する多様かつ選択性に富んだ広域レクリエーション需要を充足することを目的とし、総合的な都市計画に基づき、自然環境の良好な地域を主体に、大規模な公園を核として各種のレクリエーション施設が配置される一団の地域であり、大都市圏その他の都市圏域から容易に到達可能な場所に、全体規模 1,000 ha を標準として配置する
歴史公園	369	1,582	特殊公園：風致公園、墓園等の特殊な公園で、その目的に則し配置する
動植物公園	61	887	
風致公園	713	8,825	
墓園	240	2,586	
国営公園	17	4,306	一の都府県の区域を超えるような広域的な利用に供することを目的として国が設置する大規模な公園にあっては、1箇所当たり面積おおむね 300 ha 以上として配置する。国家的な記念事業等として設置するものにあっては、その設置目的にふさわしい内容を有するように配置する
広場公園	349	158	主として市街地の中心部における休息又は観賞の用に供することを目的として配置する
都市緑地	9,271	16,562	主として都市の自然的環境の保全並びに改善、都市の景観の向上を図るために設けられている緑地であり、1箇所当たり面積 0.1 ha 以上を標準として配置する。但し、既成市街地等において良好な樹林地等がある場合あるいは植樹により都市に緑を増加又は回復させ都市環境の改善を図るために緑地を設ける場合にあってはその規模を 0.05 ha 以上とする（都市計画決定を行わずに借地により整備し都市公園として配置するものを含む）
緑道	984	928	災害時における避難路の確保、都市生活の安全性及び快適性の確保等を図ることを目的として、近隣住区又は近隣住区相互を連絡するように設けられる植樹帯及び歩行者路又は自転車路を主体とする緑地で幅員 10 ～ 20 m を標準として、公園、学校、ショッピングセンター、駅前広場等を相互に結ぶよう配置する
緩衝緑地	242	1,886	大気汚染、騒音、振動、悪臭等の公害防止、緩和若しくはコンビナート地帯等の災害の防止を図ることを目的とする緑地で、公害、災害発生源地域と住居地域、商業地域等とを分離遮断することが必要な位置について公害、災害の状況に応じ配置する
都市林	159	1,055	主として動植物の生息地又は生育地である樹林地等の保護を目的とする都市公園であり、都市の良好な自然的環境を形成することを目的として配置する
合計	112,356	127,686	

出所：国土交通省都市公園データベース（令和3年3月31日現在）から筆者作成

（同・第6条）元々子どもの遊び場の意味合いが強くありました。そのうち砂場、ぶらんこ、すべり台は公園の「3種の神器」と呼ばれました。数も多く、これが公園と耳にして頭に浮かぶイメージではないでしょうか。

街区の上の誘致圏は「住区」で目安は半径500 mです。住宅地の基礎的な単位で、これを4分割したものが街区です。住区を誘致圏とした都市公園は**近隣公園**といいます。住区は小学校区と重なり、住区を単位に小学校、コミュニティセンターや近隣公園が配置されます。

住区が4つまとまると「地区」になります。地区は徒歩圏を意味し、半径1 kmが目安となります。これを誘致圏として配置される種別が**地区公園**です。街区公園、近隣公園、地区公園をあわせて住区基幹公園と呼ばれます。住区基幹公園は散歩、盆踊りやラジオ体操の会場、災害時の避難場所にもなるコミュニティ単位の公園です。

その上の階層の都市公園が**総合公園**で、市町村全域を対象とします。複数の市町村をまたいだ広域圏を想定した種別が**広域公園**です。都道府県が設置主体となるケースが多いです。

居住地とはひもづかず、市街地に立地する都市公園には**都市緑地**や**広場**があります。都市緑地の規模は街区公園ほどで、外観や機能は街区公園など住区基幹公園と似ています。市街地の中心部にあるのが広場公園です。

規模や対象エリアで分類された公園の他に、何らかの特化したテーマを持つ都市公園があります。テーマ別の分類としては運動公園や動植物公園、歴史公園などがあります。対象エリアはなく、比較的広い範囲からの来園を想定しています。これらはまとめて特殊公園と呼ばれます。

2　公園施設

観光・レジャー産業との親和性

公園施設は都市公園法で定められています。園路及び広場以外に公園施設は7種あり、修景施設、休養施設、遊戯施設、運動施設、教養施設、便益施設そして管理施設です。どのような施設が公園施設に含まれるか、施行令に具体的に列挙されています。例えば休養施設はベンチの他にキャンプ場。遊戯施設ならブランコだけでなくメリーゴーランドや遊戯用電車といった具合です。来園者の便益施設といえば公衆トイレが思い浮かびますが、売店や飲食店、駐車場も含まれます。目を引くのは宿泊施設です。実際に東京都の葛西臨海公園にはホテルがあります。

図表1・5　公園施設の種類

管理施設	修景施設	休養施設	遊戯施設	運動施設	教養施設
門	植栽	休憩所	ぶらんこ	野球場	動物園
柵	花壇	ベンチ	滑り台	陸上競技場	植物園
詰所	噴水	野外卓	砂場	水泳プール	野外劇場
倉庫	芝生	ピクニック場	シーソー	サッカー場	温室
車庫	いけがき	キャンプ場	ジャングルジム	ラグビー場	分区園
材料置場	日陰たな		ラダー	テニスコート	動物舎
苗畑	水流		徒渉池	バスケットボール場	水族館
掲示板	池		舟遊場	バレーボール場	自然生態園
標識	滝		魚釣場	ゴルフ場	野鳥観察所
照明施設	つき山		メリーゴーランド	ゲートボール場	保護繁殖施設
ごみ処理場	彫像		遊戯用電車	ボート場	野外音楽堂
くず箱	灯籠		野外ダンス場	スケート場	図書館
水道	石組			スキー場	陳列館
井戸	飛石			相撲場	体験学習施設
暗渠				弓場	記念碑
護岸				乗馬場	天体・気象観測施設
水門				鉄棒	遺跡（復原含む）
管理事務所				つり輪	古墳
雨水貯留施設				リハビリ用運動施設	城跡
水質浄化施設				温水利用型健康運動施設	旧宅
擁壁					
発電施設					

便益施設	その他
飲食店	展望台
売店	集会所
駐車場	備蓄倉庫
宿泊施設	
便所	

出所：都市公園法施行令第5条から筆者作成

集会所や備蓄倉庫は7種以外の公園施設として例示されています。この分類には展望台もあります。

公園施設の中でもカギとなるのが教養施設と運動施設です。教養施設には動物園、水族館、陳列館（博物館や美術館）、天体・気象観測施設（プラネタリウム）が例示されています。スタジアム、アリーナはじめ各種スポーツ施設は運動施設に該当します。一覧してわかるように、**都市公園法上の公園施設はその多くが民間の観光・レジャー産業と重なります**。

図表1･5にまとめた公園施設のうち網掛けのものは後述するPark-PFI（公募設置管理制度）の枠組みで民間事業者が収益施設として設置または管理できる「公募対象公園施設」の対象になります。要するに、**公園機能の向上に民間の顧客第一主義が活かされ、かつ収益を得る可能性がある施設**ということです。

施設主体・広域集客型の都市公園

公園種別と公園施設の関係をみてみましょう。図表1･6からは、誘致圏や規模が大きくなるほど教養施設、運動施設の設置率が高くなることがわかります。教養施設は総合公園で約37%、広域公園で約58%となります。街区公園、広場公園、都市緑地は設置率が低いです。面積が狭く、建ぺい率の制約が厳しくなることを考えれば自然な結果ではあります。

テーマ別の公園種別はもともと施設サービスを目的とした公園ですので、設置率が高い傾向がみられます。歴史公園は面積の分布をみれば近隣公園、地区公園と似たような規模感となっています。ただし歴史公園は陳列館（博物館、美術館）の設置率が高いです。動植物公園は教養施設の設置率が74%と高くなっています。ちなみに全国に約130ある動物園のうち120は都市公園にあります。そのうち約半分が総合公園です。

風致公園はテーマ別とはいえ樹林地や水辺等に立地し自然を愛でるための公園なので、自然体験関係以外の施設立地は控えめです。

図表 1･6　公園種別ごとにみた教養・運動施設、集会所の設置率（%）

公園種別＼公園施設	誘致圏・規模別							テーマ別			
	街区公園	広場公園	都市緑地	近隣公園	地区公園	総合公園	広域公園	歴史公園	動植物公園	風致公園	運動公園
教養施設	0	1	1	5	17	37	58	33	74	17	10
動物園	0	0	0	0	1	5	5	1	20	0	0
水族館	0	0	0	0	0	1	2	0	0	0	0
陳列館	0	0	0	1	4	14	14	12	13	5	2
野外劇場	0	1	0	1	4	11	16	2	5	3	3
運動施設	1	0	3	26	54	56	58	2	7	6	92
野球場	0	0	1	9	28	30	32	1	2	2	72
体育館	0	0	0	1	11	22	22	0	3	1	39
市民プール	0	0	0	2	10	15	21	0	3	1	28
庭球場	0	0	2	13	34	37	45	1	3	3	61
集会所	1	0	0	4	6	9	5	4	2	2	4

出所：都市公園法施行令第 5 条から筆者作成

運動公園における運動施設の設置率は92%です。野球場をみると運動公園以外にも地区公園、総合公園、広域公園に分布しています。近隣公園にもあります。ただ、同じ野球場といっても公園種別によって形態が異なることは容易に想像されます。近隣公園に多いのは近隣住民の草野球、少年野球で使われるタイプの野球場でしょう。建築物とまではいえない野球場が浮かびます。総合公園、大規模公園になると県大会あるいはプロ野球の試合を開催するレベルの野球場となります。例えば、横浜 DeNA ベイスターズが本拠とする横浜スタジアムは横浜公園の運動施設で、横浜公園は横浜市の総合公園です。

「都市公園の効用を全うするため」（都市公園法第 2 条第 2 項）であれば公園施設として園内に設置することができます。その解釈は国や自治体の公園管理者に委ねられており、立地する都市公園の設置目的や性格を踏まえ、当の施設の用途や機能、仕様から総合的に勘案して、公園施設に該当するか否か、公園施設のどの類型に当てはまるかを柔軟に判断することになっています*3。

3 公園の役割を決めることがパークマネジメントの第一歩

本節のまとめです。冒頭のテーマに回帰することになりますが、要するに**公園といっても様々な役割がある**ということです。子どもが賑やかに遊ぶ公園もあれば、大人が静かに読書をたしなむ公園もあります。都心のオアシスと呼ばれるような森林がうっそうとした公園もあれば、博物館や動物園、スポーツ施設が立ち並ぶのも公園です。地域住民のコミュニティスペースとしての公園もあれば、地域を越えて広域で集客あるいは外国人観光客を呼び込み観光振興ひいては経済活性化を目指した公園もあるということです。

都市公園を巡る意見の相違がときどき報道を賑わせますが、その背景に双方の公園コンセプトの不一致があるケースが少なくありません。当の公園が地域コミュニティのための公園と認識されている場合、その公園に洒落たカフェが新設されることは迷惑に映るでしょう。今まで近所の人しか来なかった公園に遠方から人が集まるようになるからです。静寂が壊されると思われてしまいます。

その公園が地域コミュニティの公園か、遠方から広く集客する活性化拠点のための公園かについては公園種別と必ずしも相関していません。静岡市の市街地にある「城北公園」は旧制静岡高等学校の時代に遡る静岡大学のキャンパスでした（図表1·7）。静岡市立中央図書館など広域から人を集める拠点施設を擁する公園ですが、公園種別上は、主として徒歩圏内に居住する者の利用に供することを目的とする「地区公園」です。有数の文教地区にあり周辺は住宅も多いです。城北公園を巡っては、遠方から車で来園する方々の利便を意識した駐車場の拡大、カフェ誘致を目玉とする計画整備について様々な議論が起きています。

園内の樹木の伐採についてもしばしば議論になります。背景には、当の公園の役割において自然風景が最優先されるものか否かの考え方の相違が

図表1・7　静岡市城北公園（出所：筆者撮影）

あるように思います。たしかに自然風景をテーマとした公園種別に「風致公園」があります。風致公園でなくとも、冒頭あげた公園の機能の５番目の「環境」、６番目の「景観」は重要です。他方で公園の機能はそればかりでないことはこれまで述べた通りです。都市全体で考えた公園機能の充足を念頭に、自然と開発の適切なバランスを模索し、個々の公園の機能分担を検討するのがよいと思われます。

公園の整備ひいては公民連携の検討に先立ち、その公園をまちづくりにおいていかに位置づけるか。コンセプトを確定のうえ、地域の周知を得ることが重要です。

公園を取り巻くチャンスとリスク

1 公園施設の老朽化

公園を取り巻く環境の変化について考えてみましょう。

まずは**現役世代の高齢化と少子化に伴う将来的な財源不足です**。全人口に先んじて現役世代の人口が減っていきます。将来の税収が減り、予算制約が厳しくなっていきます。20歳から64歳までを現役世代とすると、20年後の2040年には現在の8割に減ります。他方、65歳以上の人口は8%増えます。とりわけ支える年代と支えられる年代の比が問題です。

もっとも、**公共施設の需要も減るはずです**。現役世代の減少ペースより緩やかですが、総人口は20年後に12%減少します。公園に限った話ではありませんが、公共施設の総床面積の縮減が課題です。

都市公園の整備は高度成長の末期に整備が本格化しました（図表1·8）。住民1人当たり面積は約30年で倍になり2012年度（平成24）には当初目標の10 m^2 を超えました。2020年度（令和2）の普通建設事業費はピークだった1992年度（平成4）の約4分の1の水準の3,411億円まで落ち込んでいます。

他方、減少基調だった建設事業費とは対照的に90年代は維持管理費の拡大が続きました。90年代終わりにかけて伸びが鈍化し、建設事業費のピークに9年遅れて維持管理費も減少に転じています。2013年度（平成25）に再び増加に転じ、2020年度（令和2）は3,539億円と8年連続して前年を上回り、昨年度に引き続き過去最高を更新しています。そして初めて普通建設事業費の水準を超えました。一旦整備した施設の維持管理費

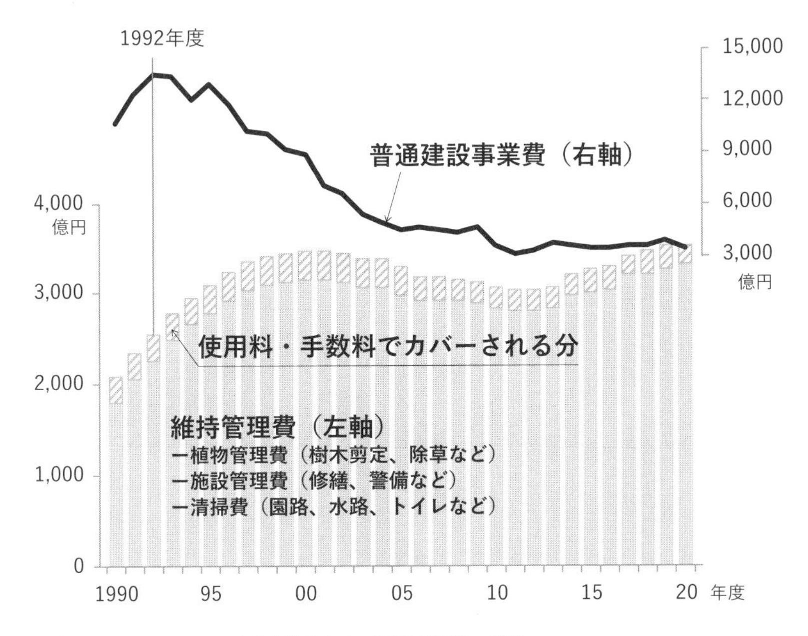

図表 1･8　公園にかかる建設事業費および維持管理費の推移
（出所：総務省「地方財政状況調査」から筆者作成。図で維持管理費とは都道府県及び市区町村の人件費、物件費、維持補修費の合計）

は簡単には減りません。施設自体を減らさない限り、既存施設の老朽化につれ維持管理費は今後とも増える可能性があります。

他方、公園にかかる使用料・手数料は維持管理費の 6 〜 7%に留まっています。公園にかかる維持管理費の大部分は税金や補助金等で賄われ、財政の負担になっているとうかがえます。

2　公園ニーズの多様化

時代・年代によって変わる公園のニーズ

公園のニーズは時代や年代によって移り変わります（図表 1･9）。

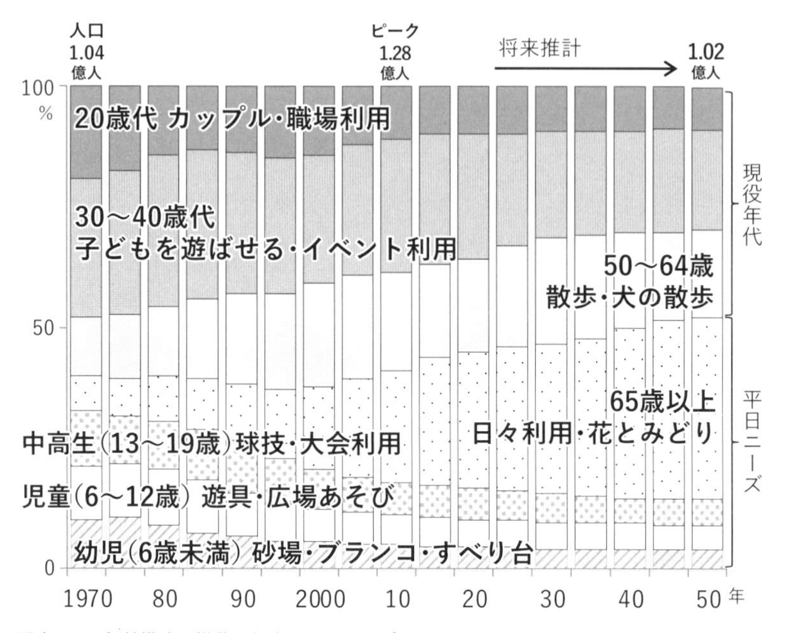

図表 1・9　年齢構成の推移と想定されるニーズ
（出所：総務省「国勢調査」、国立社会保障・人口問題研究所「日本の将来推計人口（平成 29 年推計）」から筆者作成）

地元住民を対象に限定したとします。子どもの遊び場、地元住民の散歩コース、くつろぎの場、伝統的な公園の役割は多々ありますが、年齢構成が変われば地域に求められる公園の役割も変わってきます。今より子どもが多かった高度成長期に多く作られたのが児童公園（および児童遊園）です。かつては滑り台、ブランコ、砂場の設置が義務付けられていました。これらは俗に「3 種の神器」と呼ばれていました。1993 年（平成 5）の都市公園法の改正で児童公園の区分は無くなりました。

場所によっても変わります。住宅街にある公園、商店街にある公園、大都市の市街地にある公園では役割が異なるのは当然です。すべて同じわけではありません。団地の一角にある旧児童公園と、札幌観光といえば頭に浮かぶ大通り公園、水族館がある葛西臨海公園とでは一言で公園といってもだいぶ異なります。大阪城公園のように強力な観光コンテンツとなっているものもあります。地元住民ではなく、域外あるいは海外の観光客を呼ぶ公園です。これも地域活性化の文脈、地元の雇用拡大の観点で重要なテーマです。

公園を再整備するにあたってニーズをいかに把握するか。このあたりはターゲット層を踏まえ売場や商品構成を考えるマーケティングの考え方と変わりません。年齢構成の変化はニーズに少なからぬ影響を与えます。一般論として、年齢区分には次のような意味があります。総務省の 2015 年国勢調査から世帯主年齢を見ると 20 歳代は単身世帯が多く、都心に住む傾向があります。30 歳になると子どもがいる世帯が 4 割を超え、40 歳代を通じて 6 割となります。いわゆる子育て年代で、都市郊外に多く分布します。55 歳から夫婦のみ世帯が増えはじめ、70 歳代で最多の家族類型となります。75 歳から再び単身世帯が増えはじめ、80 歳以降に最多となります。世帯主 85 歳以上の世帯の 45%が単身です。将来の年齢構成から家族類型が予測できます。今後は高齢化によって、単身、夫婦のみ世帯が増え都市集約が進むと考えられます。

都市公園利用実態調査からみる年代別の利用傾向

国土交通省の都市公園利用実態調査から年代別の利用傾向がうかがい知れます。まずは未就園児から小学生まで、子どもどうしあるいは子育て年代の親と一緒に、徒歩や自転車で近所の公園を訪れるケースが見て取れます。児童公園時代に引き続き、街区公園は子どもの遊び場としてのニーズがあります。中高生は学校単位の運動場利用が特徴です。スポーツ観戦という回答から大会利用がうかがえます。

20 歳代はカップル来園があります。職場の仲間で来るケースが多いですが、そもそもの来園頻度が低い年代でもあります。30 ～ 40 歳代の子育て年代はイベント利用も多いのが特徴です。50 歳を越えると 1 人あるいは夫婦で散歩に訪れるケースが多くなります。

50歳代は犬の散歩という回答が多いのも特徴です。年代を重ねるごとに利用頻度が高まるのも興味深く、70歳以上になるとほぼ毎日来園する人が来園者の4割を超えます。65歳以上の高齢者には、徒歩で行ける街区公園や近隣公園に、1人あるいは夫婦でしばしば訪れる行動パターンがうかがえます。緑豊かで自然と触れ合える公園で、花や景色を楽しむといった使い方です。

ちなみに、小学生以下の子どもや高齢者の日々利用が多いことを反映し、街区公園は平日と休日の利用者数の差がほとんどありません。

高度成長期の公園とはニーズが変化していることは年齢構成をみれば理解できます。今後見込まれる変化も同様です。具体的には、子育て年代の推移から街区公園のニーズを見積もることができます。高齢者の居場所機能、運動やリハビリのための公園ニーズは引き続き拡大していくことが予想されます。厚生労働省の患者調査（2017年）によれば、10万人当たり入院患者数は50歳以上の年代から増え65～69歳の層で1,000人を超えます。

時代による変化

時代による変化もあります。樹林保護に関心が高まり、文化・教養施設のニーズが高まってきたのも高齢化によってある程度は説明がつきます。言うまでもなく社会が豊かになったことによるニーズの高度化もあります。小中学校の校庭が芝生に置き換わったように、公園も芝生広場が設けられるケースが増えてきました。公園に設けられたカフェ・レストランが人気を博しています。家族や友人で連れ立ってバーベキューに興じるレジャーも増えています。ジョギング・ランニング人口は年々増えています。笹川スポーツ財団「スポーツライフに関する調査報告書」によれば、2020年（令和2）のジョギング・ランニング人口は1,055万人と調査を始めた1998年（平成10）の約1.6倍で過去最多となりました。新型コロナウィルス感染症で密集状態が避けられたことも影響しているようです。

防災に関する公園の役割も単なる延焼防止から拡大しつつあります。度々起きた大震災の経験を経て、防災備品の倉庫、応急給水のための貯水施設、簡易トイレを備えた公園が増えてきています。

3 時代が要求するパークマネジメントの発想

施設の老朽化とニーズの多様化を踏まえた次の一手

公園を取り巻く環境の変化についてみてきました。まず、他の公共施設と同じく公園施設も老朽化が問題になっています。維持管理費が増えてきています。総人口の減少を考えれば、少なくともかつての目標であった1人当たり公園面積を増やす時代ではありません。新しい公園を整備するのではなく、老朽化した公園を、地域住民の年齢層の変化、公園ニーズの高度化や多様化に合わせリニューアルすることが課題です。それもできるだけ公的負担なしで進める必要があります。

ここで期待されるのがパークマネジメントの発想です。

「足立区パークイノベーション推進計画」のポジショニング戦略

実際にどのような策があるのか、次項「稼ぐ公園とは何か」で説明する公民連携に先立って検討すべきもの、すなわち、個々の公園の役割を配分する公園のポジショニング戦略の具体例として、紹介したいのが2018年（平成30）4月に策定された「足立区パークイノベーション推進計画」（以下「推進計画」）です。

53.25 km^{2}に約69万人が住む東京都足立区には約480の公園があります。区の面積と誘致圏から求められる街区公園の数は200カ所強になりますが、実際はそれを大きく上回る約320カ所あります。児童福祉法の児童遊園は約180カ所あり、老朽化に伴い維持管理費がかさむことが課題です。新設時とは住民の年齢構成が変わり、子どもたちが放課後に遊具や広場で遊ぶニーズだけでなく、公園で花や緑を静かに愛でるニーズも増えてきました。以前に比べ公園ニーズが多様化しています。

こうした課題を解決するため講じられたのが「足立区パークイノベーション推進計画」です。まず、足立区域を自転車圏内の「おでかけエリア」、徒歩圏内の「お散歩エリア」とこれをさらに分割した「ご近所エリア」の3階層に整理しました（図表1･10）。これら3階層は地区公園、近隣公園および街区公園の誘致圏に通じますが、一義には足立区の公園施策を構築するための目安となる区分です。都市計画法の公園種別と違い、推進計画の進捗その他の実情に応じて柔軟に対応されるものです。街区公園の数が圧倒的に多いこともあり、お散歩エリアを代表する公園が近隣公園であるとは限らず、そもそも大部分が街区公園です。

おでかけエリア、お散歩エリア、ご近所エリアにはそれぞれエリアを代表する公園が定められ、比較的コストがかさむ公園施設がここに集約されます。例えば、区内17のおでかけエリアにはそれぞれ大小約30の公園

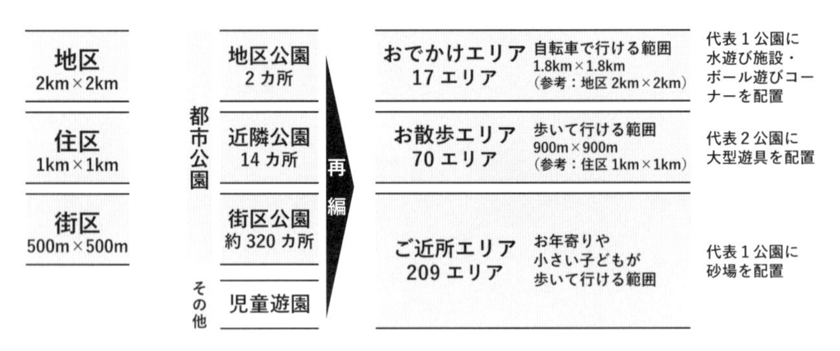

図表1･10　区立約480公園の3階層への再編イメージ（出所：第三次足立区緑の基本計画から筆者作成）

がありますが、そのうち概ね1カ所に水遊び施設（幼児向けのプール）、ボール遊びコーナーを集約します。70あるお散歩エリア内の約7カ所の公園のうち概ね2カ所に大型遊具が配置されます。区全体で209あるご近所エリアには約2～3の公園がありますが、そのうち概ね1カ所に砂場を集約します。

「にぎわい」と「やすらぎ」の2つの役割

また、約480の公園は、子どもが遊具や広場で活発に遊んだり、大人がスポーツ等を楽しんだりする「にぎわいの公園」と、乳幼児が親と一緒に遊び、シニアが木陰のベンチでくつろぐ「やすらぎの公園」の役割に分類されました。比較的大きな公園は2つの役割を兼ねることもあります。

次いで、にぎわいとやすらぎの2つの役割を受け①児童の遊び、②健康づくり、③集い・広場、④幼児の遊び、⑤花、⑥防災歴史等、⑦休憩・憩い、⑧樹林・自然・散策の8つの機能が割り当てられます。8つの機能は70あるお散歩エリアの単位で充足するよう調整されます。

足立区全域の目標として定められているのが都市緑化です。具体的には第三次足立区緑の基本計画において2017年時点で9.4%の樹木被覆地率を29年まで10.2%に高めるものとされています。なお民有地の緑地もあるので、公園は緑化の大きな要素ですがすべてではありません。

3 稼ぐ公園とは何か

1 自治体にとって「稼ぐ」とは何か

国や自治体が設置管理する都市公園を、民間のノウハウを活かしていかに良いものにするか。ここで「良いもの」と言いましたが、良いものでは抽象的に過ぎるので「稼ぐ」という概念を充てるものとします。本書で目指すのは「稼ぐ」都市公園です。

「稼ぐ」は一見わかりやすそうで違和感を持たれる概念かもしれません。特に、元々営利企業ではない地方自治体にとって、「稼ぐ」は営利追及を連想してしまいます。言うまでもなく営利追及は自治体の本来業務ではありません。ならば自治体にとって「稼ぐ」とは何なのか、公民連携して公園全体として「稼ぐ」とは何なのかを考えてみましょう。

2 民間の強みとは何か

図表 1·11 は公園を巡る 3 つの主体です。まず、都市公園の設置者である自治体が住民に公園を通じて公共サービスを提供します。これが基本形です。住民の公園に期待するニーズは多様化し、それに応えるために自治体は民間のノウハウを活用します。民間は自治体と連携し住民に公園サービスを提供します。これを一言でいえば公民連携となります。

自治体と比べた民間の強みは何でしょうか。ひとつは**顧客志向**です。顧客志向は集客力に表れます。民間が顧客志向だとすれば自治体は普遍的価値志向といえるでしょう。

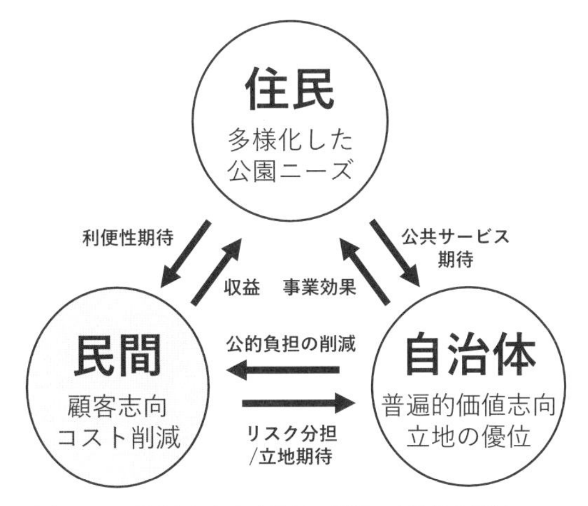

図表1・11 公園をとりまく住民・民間・自治体の関係
（出所：筆者作成）

同じ公共施設でも自治体が経営するのと民間が経営するのとでは様相が異なります。同じニュース番組、バラエティ番組でもNHKと民放で毛色が異なるようなものです。民間企業は活動財源を顧客から得る収益で賄わなければなりません。採算点を下回ると赤字転落します。事業の存続のため顧客のニーズに最大限配慮する必要があります。民間の顧客第一主義は事業の存続に関わります。公共施設の中でも顧客志向が求められるものがあります。公園施設でしたら店舗や飲食店があります。これに準じるものとしては野球場などスポーツ施設が挙げられます。

もうひとつの強みは技術的能力を活かした**コスト削減**です。CHAPTER 4で詳しく述べますが、分離・分割発注や一般競争入札を原則とする公共発注に比べ、民間の発注手法は柔軟です。設計施工一括発注や見積合わせ発注などは民間の技術的能力を活かすのに適しています。コスト削減の動機はやはり採算性を重視する民間企業の本性によるものです。

3 自治体が民間に期待すること

立場上、民間は公園経営に営利事業として関わります。カフェ・レストランなど公園施設を経営するケース、公園全体を経営するケースなどありますが、いずれにしても民間が経営する公園は「稼ぐ公園」となります。

稼ぐ公園を自治体の立場で言い換えれば**公的負担の削減**になります。自治体の負担なくカフェやレストランを整備。維持管理費も民間が負担するばかりか、自治体は民間から使用料を得ます。使用料は芝生の養生や植栽の剪定など自治体が管理する公共部分の維持管理に充てることができます。

民間に期待するもうひとつは**利便性の向上**です。カフェやレストランは自治体が直営するより民間の強みである顧客志向を活かしたほうが良いものになります。

4 民間が期待すること

では民間が自治体に期待するものは何でしょう。民間が公園施設を経営するにあたって特に期待するのは**立地の優位性**です。公園は人が集まる風光明媚な場所です。並木や芝生を借景にカフェやレストランを出店することで魅力的な営業が展開できます。

公共施設と集客装置のシナジー効果も重要です。2020年（令和2）、名古屋市の久屋大通公園の名古屋テレビ塔側がHisaya-odori Park（ヒサヤオオドオリパーク）に生まれ変わりました。久屋大通公園には名古屋テレビ塔がありますが、これは2019年（平成31）に公園施設（教養施設）となりました。久屋大通公園は1970年（昭和45）に都市公園となるまで道路の中央分離帯でした。現在に至るまで制度上は道路でもあり公園でもある施設です。地下には地下街が広がっており、Hisaya-odori Parkの商業施設群とともに、久屋大通公園の収益装置となっています。このケースでは、公園施設である名古屋テレビ塔が集客装置となって収益施設への回遊を促しています。東京でいえば、ちょうど東京スカイツリーの待ち時間あるいは帰りに下階のショッピングモール「東京ソラマチ」で買い物をするような具合です。

もうひとつ、民間が自治体に期待するのが**リスク分担**です。これは民間が単独で進出するには採算が厳しい、あるいは不確実性が高い場合に自治体が補てんするケースを想定しています。CHAPTER 2 で民間事業者が前橋公園の幼児向け遊園地を経営する事例が登場します。経営能力に富んだ民間事業者の工夫で利用者を大きく伸ばしたケースです。元々の公益性のゆえに利用料金が安く抑えられていますが、その代わり、自治体から定額の指定管理料を受け取っています。

5 稼ぐ公園の３方よし

まとめると、公民連携プロジェクトが成功か失敗かは３者の視点で評価できます。

まずは地方自治体が予算を節約できて“よし”次に民間事業者が商売繁盛で“よし”、最後に地域の住民にとっては街の魅力が増して“よし”です。近江商人の商業訓の売り手よし、買い手よし、世間よしの３方よしに掛けてまとめました。本書で３方よしは公民連携の成否のチェックポイントです。

順を追って説明します。１番目は地方自治体の視点で、ポイントは**公的負担を減らせたか**です。民間の活用によって結果的に予算を減らすことができていればその公民連携は成功。そうでなければ失敗です。

２番目は民間事業者の視点です。ポイントは**民間事業者が収益施設、公共施設の経営で稼いでいるか**。ここで稼ぐとは狭い意味での稼ぐことです。すなわち、売上を増やし、より大きな黒字を計上することです。民間

地方自治体 **予算を節約できて“よし”**

民間事業者 **商売繁盛で“よし”**

地域の住民 **街の魅力が増して“よし”**

事業者にとって最大の動機です。

3番目に地域の住民の視点です。ポイントは公民連携によって**街の魅力が増したか**です。主観的なものですからまずはインタビューやアンケートで測定した顧客満足度をもって成否を評価することになるでしょう。定量評価を目指すのであれば、公園あるいは公園施設の来園者数を参考指標に使います。

そもそも**公民連携とは、民間企業の生命力を注入することで公共施設の付加価値を上げ、それを民間企業の利益と自治体の負担削減に配分するシステム**です。自治体は予算を節約できてよし、民間は商売繁盛でよし、その原資は地域住民にとってよしの公共施設となります。民間の集客ノウハウを活かし、顧客目線で公共施設をバージョンアップするものです。

何か新しい公共施設を整備しようとした場合はこう考えることができます。まず、自治体がすべて直営で整備するとお金がかかり財政に影響が及びます。他方、民間が整備しようにも単独では赤字の可能性が高い。そうしたときに検討するのが他でもない公民連携による整備手法です。

One Point　公園で観光振興

域外から収益機会を得る観光振興は地域活性化の重要な要素となります。特に所得向上を意識した場合、「集めて、見せて、買わせて、ファンにする」のプロセスを確立することが重要です。

ここで「集める」は観光客を呼び込む集客装置です。遊園地、テーマパーク、スタジアム・アリーナ、博物館など、公園施設の枠組みで整備できるアトラクションが多くあります。ただし忘れてならないのはコンテンツ。伝統芸能などご当地ならではのコンテンツがないと単なるハコモノ整備に陥る点、ご留意ください。

次に「見せて、買わせて」のポイントはコト消費です。観光客に地元産品を買ってもらうのが狙いですが、ここで重要な点が2つあります。まずは公園施設の枠組みで整備されたアトラクション、宿泊施設、カフェ・レストランが地元産品の「体験型メディア」になることです。これらも公園施設（便益施設）の枠組みで整備できるものが多いです。公園は公民連携で進める観光振興のカギになります。

もちろん、単なるご当地商品やお土産品にとどまらない逸品の開発が前提です。「ファンにする」ことでリピート注文を増やさないと観光振興が地域所得の向上につながらないからです。「集めて、見せて、買わせて、ファンにする」の陣形を作るには地域資源の棚卸しと地元プレイヤーの連携が必要になります。司令塔役も求められます。

注

＊1　児童福祉法第40条　児童厚生施設は、児童遊園、児童館等児童に健全な遊びを与えて、その健康を増進し、又は情操をゆたかにすることを目的とする施設とする。

＊2　広義の公園をイメージするのに興味深い話題として「都市のオアシス」制度があります。「都市のオアシス」とは、快適で安全な都市緑地を提供する取り組みとして公益財団法人都市緑化機構が認定した民間事業者の緑地です。評価基準は公開性、安全性、環境への配慮の3つあります。

パンフレット「都市のオアシスさんぽ」によれば、2022年（令和4）4月現在「都市のオアシス」は全国に49あります。西武池袋本店9階屋上「食と緑の空中庭園」、サンシャインシティ「サンシャイン広場」、大阪市のなんばパークス「パークスガーデン」、名古屋市にある「ノリタケの森」などが認定されています。

「都市のオアシス」は、環境に貢献し良好に維持されている緑地を認定する「緑の認定」制度の3部門のひとつです。「緑の制度」はSEGES（シージェス）と称されます。社会・環境貢献緑地評価システムを意味するSocial and Environmental Green Evaluation Systemの略称です。

「都市のオアシス」の他に「そだてる緑」、「つくる緑」部門があり、「そだてる緑」にはトヨタ自動車株式会社の「トヨタの森」など事業所の緑地が認定されています。

参考：SEGES公式サイト　https://seges.jp/　（2022年11月9日確認）

＊3　例えば、「三重県立みえこどもの城」はプレイルームを備え工作体験もできるイベント運営・参加型の大型児童館です。都市公園法上は教養施設に分類されています。立地する中部台運動公園は都市公園の分類では運動公園です。施設は県立ですが公園管理者は市（松阪市）となっています。運動公園だからといって運動施設以外の施設を設置できないことはなく、県の施設といって公園管理者が県である必要はありません。札幌市の円山西町児童会館も児童福祉法に基づく児童館です。丸山公園の敷地内にあり、都市公園法上の公園施設となっています。ただしこちらは教養施設ではなくその他公園施設の「集会所」に区分されています。児童館だからといって必ず教養施設に区分されるわけでもありません。

CHAPTER 2

園内施設の整備・運営

民間資金による公園施設の整備・運営事例を適用スキームと自治体、民間、住民の「3方よし」に着眼して説明します。
事例はおおむね小さいものから大きいものへの順番になっています。はじめは公園を借景としたカフェ、レストラン、コンビニエンスストアです。次いでスタジアムなどスポーツ施設、美術館をとりあげます。最後に公園と商業施設が隣り合う組み合わせを検討します。ショッピングモールや高速道路パーキングエリアが隣接する公園と相乗効果をもたらすケースです。

CASE 1 上野恩賜公園

管理許可制度によるオープンカフェの運営

公 東京都・東京都公園協会

民 スターバックスコーヒージャパン

▶公園の概要

上野恩賜公園

所在地	東京都台東区
事業主体	東京都
公園種別	歴史公園
面積	53.8 ha

▶施設の概要

オープンカフェ
――スターバックスコーヒー上野恩賜公園店

施設種別	便益施設 1,242.01 m^2
整備費負担	東京都
施設所有	同上
企画・管理	公益財団法人東京都公園協会
内装・カフェ営業	スターバックスコーヒージャパン株式会社
適用制度	管理許可、業務委託
業者選定手法	公募
開業	2012 年（平成 24）

Overview　公園カフェのさきがけ

公園カフェではじめにとりあげるのは上野恩賜公園のスターバックスコーヒーです。2008年（平成20）の富山市富山環水公園、2010年（平成22）の福岡市大濠公園に次ぐ3例目でした。

2012年（平成24）、国立科学博物館の前の噴水広場に面して2つのオープンカフェが開店。スターバックスコーヒー上野恩賜公園店はそのうちの1つです。

その前、2008年（平成20）に上野公園グランドデザイン検討会の報告書が公表されています。『日本の顔となる「文化の森の創造」』を旗印に、「世界に向けて日本の文化・芸術を発信する拠点づくり」が向こう10年の方針となりました。これを踏まえ策定されたのが「上野恩賜公園再生基本計画」です。オープンカフェが文化の森の広場空間のコンテンツと目されました。

Scheme　管理許可・業務委託に基づくオープンカフェの運営

建物は東京都の所有で、外郭団体の東京都公園協会が管理許可を得て維持管理を担っています（図表2･1）。スターバックスコーヒーは東京都公園協会との業務委託契約に基づきカフェを運営しています。退去時の現状復旧と自己負担を条件に内装を改修できる契約でした。都市公園法、上野公園グランドデザイン、再生計画のコンセプトに違わないことが原則ですが、立地を考えれば公園の風景に溶け込んだほうがマーケティング戦略上も有利であることから、実態として民間の自由度は高いといえます。

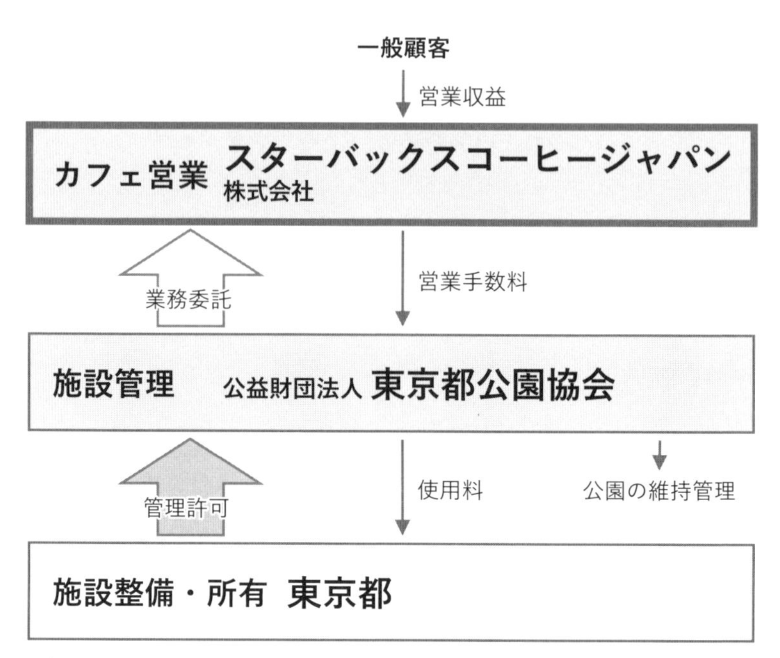

図表 2･1　上野恩賜公園のオープンカフェをめぐるスキーム図（出所：筆者作成）

Review　維持管理に還元される使用料収入

この事例の“3方よし”を考えてみます。オープンカフェの大元となった上野公園グランドデザインが目指していたのは来園者の満足です。この点、第3の視点の街の魅力が増してよしは問題ありません。オープンカフェの集客は順調です。その後も全国各地の公園内に出店を続け、筆者が公式サイトを元に数えたところ公園内のスターバックスコーヒーは2021年（令和3）で26店舗あります。第2の視点にも適っています。

第1の視点はどうでしょうか。上野恩賜公園の場合、植栽剪定など日常的な維持管理は東京都公園協会が担当します。財源は、都の負担金と収益事業から得られる収益です。東京都公園協会の会計において、売店や飲食店、駐車場、ボート場の営業は収益事業に位置づけられています。オープンカフェも収益事業です。収益事業が好調なほど、東京都の東京都公園協会に対する負担が減ることになります。

元々、オープンカフェの収益の一部は東京都公園協会に還元されることになっています。東京都公園協会は東京都に管理許可使用料を支払い、使用料は主に整備費に回されます。還元金から管理許可使用料を支払って残ったものは公園の維持管理に回すことができます。新型コロナウィルス感染症の影響で休業期間があった前の年度の2019年度（令和元）、オープンカフェ2件分で8,834万円の収入がありました。

Insight　歴史ある公園の裏側にある法制度

上野恩賜公園の歴史

上野恩賜公園は元々東叡山寛永寺の境内地でした。現存する最も古い都市公園の1つで、1873年（明治6)、太政官布達により都市公園に指定されました。歴史があるだけでなく、CHAPTER 1で説明した都市公園の概論を説明するのによい公園ですので今しばらくおつきあいください。

まずは都市公園と「都市計画公園」のズレについて。実は、都市公園としての上野恩賜公園は同時に都市計画公園として「上野公園」でもあります。都市公園の面積は53.8 haですが、都市計画公園「上野公園」は東京国立博物館の敷地を含む82.5 haとなっています。東京国立博物館、東照宮や寛永寺の敷地は都市公園法上の上野恩賜公園ではありません。東京文化会館の敷地も都市公園の供用区域から外れています。区域図をみると、その部分だけ穴が開いているように見えます（図表2･2)。

東京文化会館が公園施設ではなく、その敷地が上野恩賜公園から外れていると思う人はいないでしょう。立地する公園施設の種類や建ぺい率の都

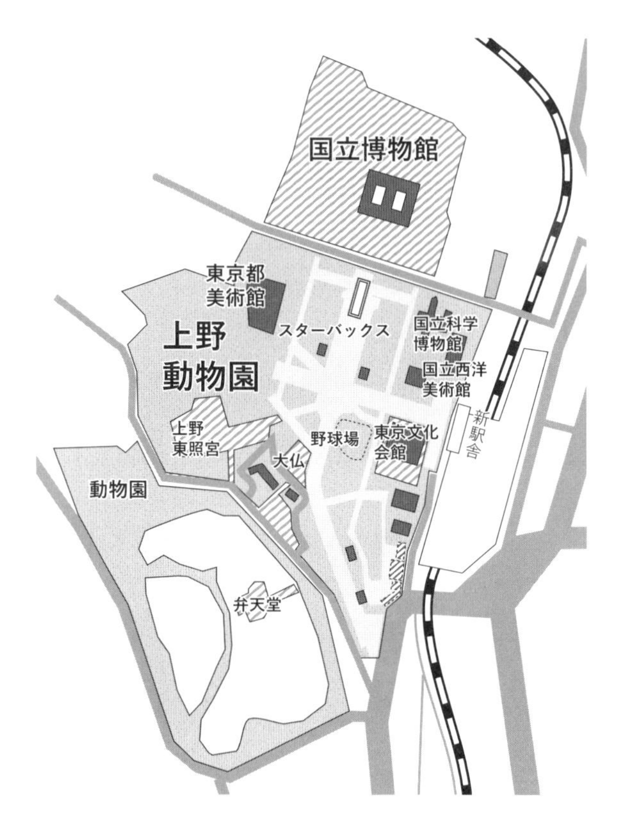

都市計画上野公園
（非・上野恩賜公園区域）

図表 2･2　上野恩賜公園の配置図（出所：筆者作成）

合から、「都市計画公園」であっても都市公園ではないエリアが生じることがあります。

上野恩賜公園の公園施設

歴史が古いだけあって都市公園法に登場する様々な施設があります。

南端のエントランスからメインストリートを北上し、途中で脇道に入ると、伝統的な日本家屋の佇まいの老舗料亭が見えます。「韻松亭」といい、1875 年（明治 8）に政府が誘致しました。これも都市公園法上の設置許可を得て民間が整備した「公園施設」です。公園に収益施設を誘致し、収益施設から得られる収益の一部を共用部分の維持管理費に充てる手法は昔からあったということです。設置許可を得て民間が整備した飲食店は他に上野精養軒、伊豆栄梅川亭、新鶯亭などがあります。

「文化の森」だけあって教養施設も集まっています。恩賜上野動物園、東京都美術館は都が所有する公園施設。国立科学博物館、国立西洋美術館は都の設置許可を得て国が整備した公園施設です。

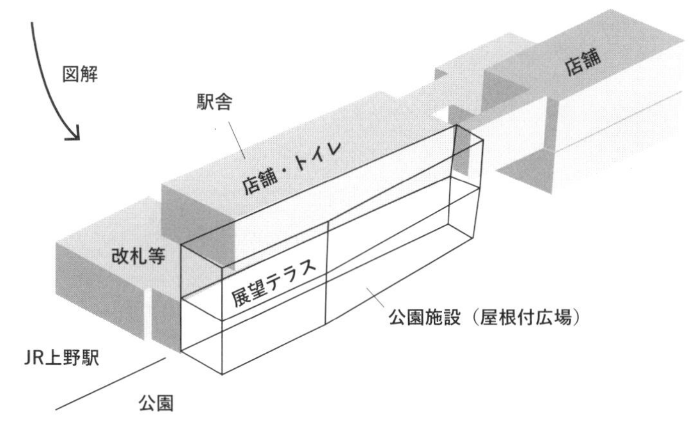

図表2・3　JR上野駅の公園口駅舎と屋根付広場（出所：筆者撮影・作成）

上野恩賜公園の周辺にある占用施設

上野恩賜公園の地下には京成電鉄の上野駅があり、線路が走っています。これは都市公園法の占用許可を得て整備された占用物件です。地下駐車場もありますが、都が所有する第一、第二駐車場は公園施設（便益施設）です。他方、京成上野駐車場は公園施設ではなく、京成電鉄株式会社が専用許可を得て整備した占用物件です。

2020年（令和2）の春、JR上野駅の公園口駅舎が新しくなり、2階に展望テラスができました（図表2･3)。あわせて公園口の前の車道が廃止され、公園と連続する広場に生まれ変わりました。これは占用物件ではなく、都の設置許可を得て東日本旅客鉄道株式会社が整備した「屋根付広場」で公園施設（園路・広場）です。

老朽化した公園施設の建て替えで誕生した「UENO3153」

公園脇の法面に張り付くように3棟の飲食店ビル[*1]がありますが、実はこれも公園施設です（図表2･4)。

そのうち最も南側にある「UENO3153」は2012年（平成24）に建て替えられました。建て替え前は「上野百貨店」（上野西郷会館）といい、開業は1952年（昭和27）でした。1956年（昭和31）に制定された都市公園法によってデパート業態が不適格となったため、1961年（昭和36)、敷地が都市公園の供用区域から外され、店舗が「行政財産」に切り替えられました。店舗を運営していた上野広小路商業協同組合は都の行政財産を借り受けるかたちで営業を続けました。

それから50年経ち老朽化が目立ってきました。公園に戻すとしても立ち退きには高額の補償金が必要になること、売却するにしても敷地を都市計画上の公園から外すのは容易でないことから、都は建て替えを認めることとしました。認めるにあたって提示した条件は次の4点です。

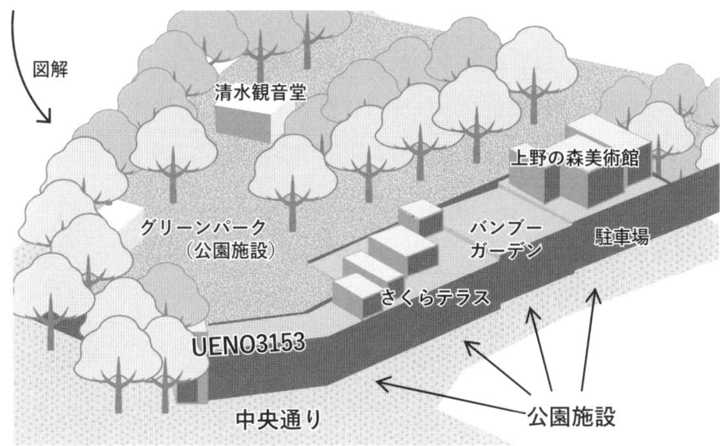

図表 2･4　UENO3153 とその周辺図（出所：筆者撮影・作成）

- 使用許可面積は現在と同様とする。
- 現在開園している上野公園との整合については（屋上部等）、都の方針に従う。
- 市街地からの景観に配慮した緑化を行う。
- 公園施設としてふさわしい営業内容・施設内容（ハード面）とする。

建て替えた建物は都市公園法の公園施設にあらためて組み入れられることとなりました。事業者は都から設置許可を得、自己資金で公園施設を整備します。

建て替えは上野恩賜公園にもメリットがありました。公園施設とすることで、民間の施設でありながら都市公園にふさわしい仕様や営業内容となるよう都の規制をかけることができます。

実際、UENO3153は公園と一体化しています。上野公園は別名「上野の山」と言われるように丘状の地形で、地表面と3階建ての飲食店ビルの屋上の高さが揃えられています。屋上は公園と一体化し、公園から飲食店ビルは地下構造物に見えます。ビル内のエレベーターやエスカレーターで公園に上ることができることから、飲食店ビルは上野公園のバリアフリーにも一役買っています。

CASE 2 中之島公園

設置許可制度を活用したレストランの整備・運営

公 大阪市

民 ゼットン・バルニバービ

▶公園の概要

中之島公園

所在地	大阪市
事業主体	大阪市
公園種別	風致公園
面積	11.3 ha

▶施設の概要

カフェ・レストラン
——“R”Riverside Grill & BEER GARDEN
——GARB weeks

施設種別	便益施設 “R” Riverside　許可面積 455.13 m^2 GARB weeks　許可面積 418.756 m^2
整備費負担	株式会社ゼットン・株式会社バルニバービ
施設所有	同上
営業	同上
適用制度	設置許可
事業者選定手法	公募
開業	2010 年（平成 22）

Overview 公園を借景としたレストラン

大阪市の市役所に近い中之島公園にあるレストランです（図表2･5）。中之島公園のレストラン“R” Riverside Grill & BEER GARDEN（アール・リバーサイドグリル&ビアガーデン）は株式会社ゼットン、GARB weeks（ガーブウィークス）は株式会社バルニバービの経営です。

プロジェクトの大元は2007年（平成19）の中之島公園再整備基本計画です。ここでは歴史・文化・自然と人々が織りなす水都大阪の新名所“中之島水上公園”がビジョンに掲げられています。その一環として、中之島公園とその周辺地域の集客・活性化に寄与する上質なレストラン、具体的

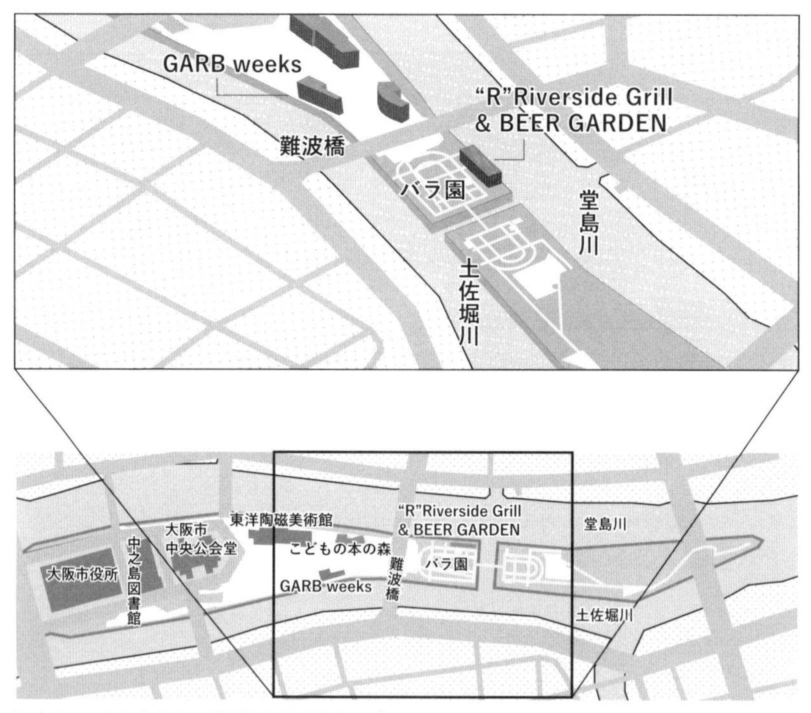

図表2･5　中之島公園の配置図と公園施設の位置（出所：筆者作成）

には水面とバラ園の眺望を楽しみながら飲食できるレストランを設置するとされていました。

Scheme　設置許可に基づく民間事業者による施設整備

レストランは民間事業者が自己負担で整備しています。公園管理者の大阪市から「設置許可」を受けています。すでにある公園施設の管理を担うのが管理許可で、公園施設の整備から民間事業者が担うスキームが設置許可です（図表 2･6）。

民間事業者の自由度は高いです。中之島公園内レストラン整備及び管理運営事業者募集要項やそれを反映した協定書からうかがえます。

募集要項で示されたレストランの要件にはこうあります。まずは都市公園法の公園施設の要件に合致したもの。外観はバラ園及び河川景観、周辺の風景に配慮がなされたもの。バリアフリーへの配慮も求められています。建物は木造あるいは軽量鉄造で 2 階建までとされました。

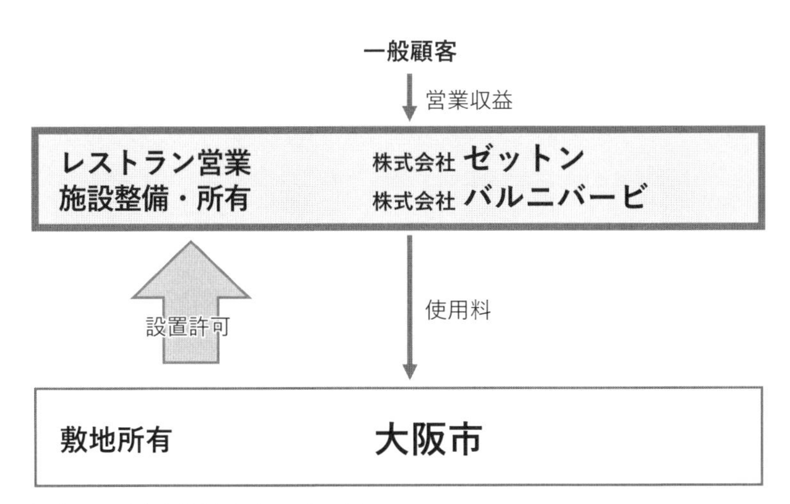

図表 2･6　中之島公園をめぐるスキーム図（出所：筆者作成）

提案書に盛り込むべき項目をピックアップすると次の通りです。仕様が細かく指定された公共事業の発注と異なり、デザインや事業内容を提案する形式になっています。

- 事業コンセプト
- 平面図、立面図、配置図、イメージパース
- レストランの事業内容、時間帯ごとの展開
- 集客力、サービス向上につながる取り組み、
- 損益・収支計画、経費内訳

施設の整備及び管理運営等の一切の費用は民間事業者が負担するものとされています。施設の所有権は民間事業者にあります。なお事業期間満了時には原状回復が義務づけられます。

事業期間は原則3年ですが、問題がなければ最長20年継続できます。協定書で有効期限は2029年（令和11）となっています。事業期間のサイクルにあわせ設置許可も3年毎に更新されます。民間事業者は前年度の事業実績と翌年度の実施計画を報告する必要があります。これら事業報告を踏まえ、大阪市は提案書の趣旨に沿って経営されているかを確認します。ここで問題なければ事業期間が継続されるシステムです。

Review　公的負担なき施設整備の実現

3方よしを考えてみましょう。第1の視点、地方自治体の負担の節約を考えてみると、まずは公園施設が自治体の負担なく設置されている点に目が留まります。このケースは、売上や利益に関係なく定額の使用料を自治体が収受しています。自治体は事業リスクを負っていません。

自治体は公園施設から得た使用料を公園の植栽剪定やトイレ清掃など維持管理に充てることができます。公園の維持管理にかかる経費を節約することになります。

第2の視点、民間事業者の飲食店経営の面からみれば、水辺空間とバラ園の眺望がレストランの借景になります。観光スポットとして中之島公園の魅力が高まるほどレストランの集客が期待できます。飲食店営業で重要なのは立地なので大きな強みになります。

Insight　公園レストランのさきがけ

CASE 1の公園カフェに続いて、CASE 2はレストランです。

上野恩賜公園の上野精養軒など、公園のレストラン自体は明治時代からありました。ここで紹介したのは、水辺や公園の緑を借景とした、パークマネジメントの時代のレストランです。今でこそテラス席のついたオシャレなレストランが公園の名所になるケースがよく見られますが、この事例はそのさきがけにあたります。設置許可は公民連携の制度の中でもっともシンプルです。ロケーションさえ整えば比較的簡単に取り組むことができると考えられます。

CASE 3 山下公園

コンビニ付きトイレの発想による
コストセンターからの脱却

公 横浜市

民 ローソン

公園の概要

山下公園

所在地	横浜市
事業主体	横浜市
公園種別	風致公園
面積	7.4 ha

施設の概要

コンビニエンスストア
——ハッピーローソン

施設種別	便益施設 444.55 m^2/ 園地 800 m^2
整備費負担	横浜市
施設所有	同上
内装・コンビニ営業	株式会社ローソン
適用制度	管理許可
事業者選定手法	公募
開業	2007 年（平成 19）～ 2020 年（令和 2）

Overview　国際的な観光スポットに開業した複合施設

横浜港の岸壁にそって伸びる細長い園地の山下公園。関東大震災で生じたガレキを埋め立て1930年（昭和5）に開園しました。山下公園は今も昔も港・ヨコハマを代表する観光スポットです。休日ともなれば大勢のカップルや親子連れ、国内外の観光客で賑わいます。

大さん橋に近い側に、高速道路のパーキングエリアで見るような施設が見えます。正式名称を「山下公園レストハウス」といい、コンビニエンスストアと公衆トイレ、休憩スペースが一体となった施設です（図表2・7）。約3分の2のスペースがコンビニエンスストアの陳列ケースとレジ、海側の約3分の1がイートインコーナー兼休憩所で、屋外休憩スペースは海が見えるテラス席です。内外のイートインスペース含めた全体がハッピーローソン山下公園店です。この原稿を執筆している2022年（令和4）夏現在、次の事業者が新たに開業するのにあわせて準備中です。

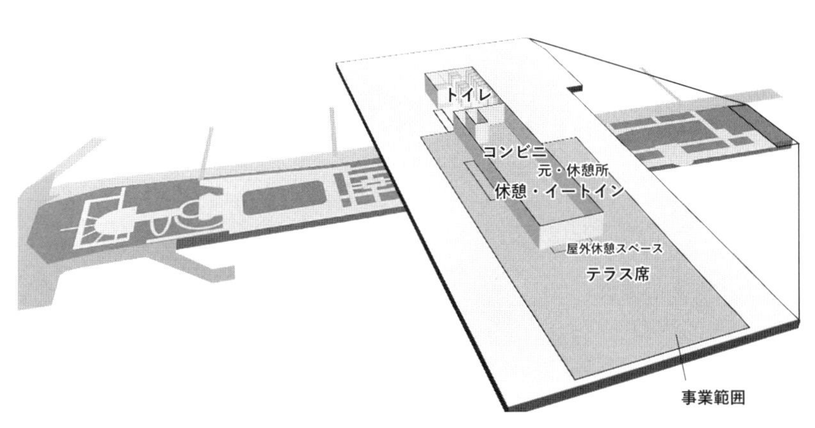

図表2・7　山下公園レストハウスの位置と施設構成（出所：筆者作成）

施設の整備経緯

元々は2002年（平成14）に整備された施設で、公衆トイレ・休憩所でした。横浜市の公募を経て株式会社ローソンが選定され、2007年（平成19)、レストハウスの休憩所部分がコンビニエンスストアになりました。改装費、什器備品を含め民間事業者が負担した初期投資は計画ベースで8,400万円でした。それで公衆トイレ、コンビニエンスストアと休憩スペースの複合施設になりました。契約期間は10年でしたが、再公募を経て2020年（令和2）まで営業していました。

横浜市と民間事業者の役割分担

山下公園は横浜市の都市公園です。山下公園レストハウスを整備し、所有しているのも横浜市です。主に清掃ですが以前は施設管理もしていました。2007年、横浜市は山下公園レストハウスの管理許可を付与し、民間事業者が許可受者となりました（図表2･8)。

以降、機械室・事務室を除くレストハウスの管理は民間事業者の役割となりました。テラス席も含まれます。テラス席・トイレ以外の光熱水費は民間事業者の負担。元々あった施設・設備の修繕は1件10万円未満のケースで民間事業者の負担とされました。さらに民間事業者は管理許可使用料を横浜市に支払います。

プロジェクトの要件

管理許可の付与にあたって条件がありました。まずは都市公園法上の公園施設であること、来園者の利便を図るための施設ということです。休憩所は誰もが無料で利用できること、地域住民や観光客が山下公園に来園す

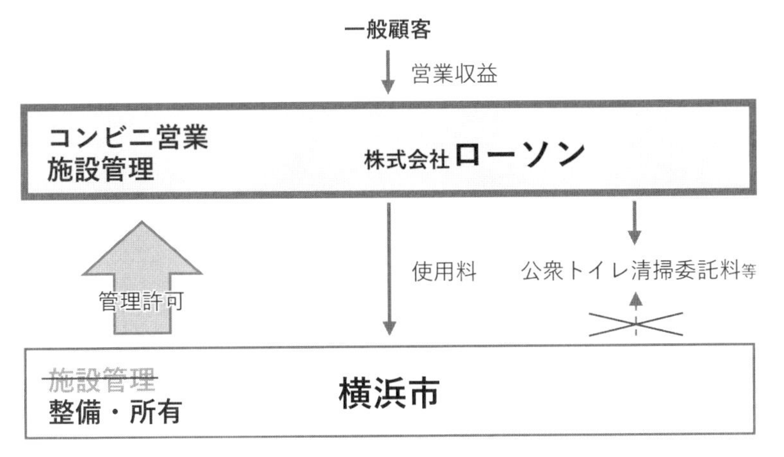

図表 2・8　山下公園レストハウスをめぐるスキーム図（出所：筆者作成）

るのに相応しいサービス内容が条件です。公募要項には、山下公園内で販売する必要がないものとして、家具、衣服、高級装飾品、調理が必要な食材、日用品が例示されていました。飲食サービスで認められないものとして、予約を必須とする高級レストラン・料亭が挙げられ、公園利用者が気軽に利用できる店舗であることを求めています。内外装も山下公園に相応しく、周囲に溶け込んだものであることが必要です。

山下公園の場合は観光客も来園者です。記念品や土産品の販売が例示されています。目を引くのが、「子育て支援につながるサービス」をひとつ以上盛り込むことです。大型遊戯施設の設置、ミルク用お湯の提供などが募集要項に例示されています。

他方、公園に立地する施設という点ではある意味常識的なコンセプトを守れば、既存建物の内外装やレイアウトの変更はほとんど自由と言えます。提案に盛り込むべき内容は次のようなものでした。

- 内装のパース図、外装のイメージ図
- 売店・軽飲食、休憩所のレイアウト図
- 利用者導線などレイアウトの考え方
- 想定する利用者ニーズ
- 商品構成と予定価格
- 子育て支援サービスの具体的内容
- その他利便性向上につながるサービス提案

実際に出店した店舗は、同じコンビニエンスストアでも子育て応援を前面に出した業態「ハッピーローソン」となりました。ベビーカーが通りやすいよう通路幅が広く、店舗の奥のほうには授乳室があります。離乳食や紙おむつなど乳幼児向けの品ぞろえが充実しています。知育玩具のコーナーもありました。

観光客向けには横浜みやげのコーナーが出入り口から入ってすぐのところにあり、外からよく見えました。休憩所にはカフェもあります。コンビニエンスストアのイートインスペースとなっています。休憩所の角には子どもが遊ぶのにちょうどよい小上がりがあって、ショッピングモールのキッズスペースのような印象でした。

レストハウスの外はテラス席のように使われていました。晴れた日には椅子に腰掛けて、コンビニエンスストアで買った缶ビール片手にゆったり海を眺めることができます。公衆トイレも併設されているので安心です。

Review　維持管理費の節約と使用料収入

以前はレストハウスと周辺園地の清掃等は市の仕事でした。年間約600万円かかっており、市が負担していました。民間事業者に施設の管理が移管されたことに伴って、清掃等にかかる市の負担額は減りました。

その上、年間約800万円の管理許可使用料が横浜市の新たな収入になりました。レストハウスのうちトイレを除く部分、屋外のテラス席として利用している部分が手数料の対象です。清掃にかかる委託料の約600万円に約800万円の使用料収入を加えた委託メリットは約1,400万円となります。

他にもコンビニエンスストアが新規開業しただけの経済効果が考えられます。パート・アルバイトの雇用も見込まれます。利便性が高まり観光客の来街が増えれば経済効果はさらに大きくなります。コンビニエンスストアの収益、職員の所得にかかる税収もあります。

Insight　経営戦略を提示し事業戦略を問う公民分担

コンセプトは自治体が示す

2022年（令和4）、山下公園レストハウスの新しい事業者が決まりました。株式会社ゼットンを代表とする共同事業体「山下公園再生プロジェクトグループ」です。レストハウス部分はテイクアウト店舗と休憩スペース、海に面した屋外スペースはテラス席という構成になる予定です。今回のリニューアルの特徴は、事業者の募集にあたってPark-PFIを適用したことです。

横浜市の募集要項から、民間活力を十二分に引き出す工夫が前回に増して見て取れます。

第1の要件として横浜市が提示したのはビジョン、コンセプトです。これに応えて民間事業者は「事業運営の考え方」を提案します。機能要件からデザインまで民間事業者の工夫の余地が広く取られています。市が提示したコンセプト は「何度でも訪れたくなる魅力の発信」で、次の4点が示されました。

① 横浜らしさや山下公園らしさがあり、新たな来園の目的地となる魅力を持つことで、公園全体の更なる魅力アップにつなげる
② 多様なニーズに対応していくために、複数の用途（機能）を備える
③ 公園の新しい過ごし方を提供するため、屋外空間（レストハウスの周辺園地）を活用する
④ レストハウスと周辺園地を一体的に管理・運営することで、賑わいと快適性の向上を実現する

ちなみに「横浜らしさ」とは、まちづくりの最上位計画である横浜市基本構想や横浜市都心臨海部再生マスタープランなどのことです。「山下公園らしさ」とは開港以来の歴史があること、屈指の観光名所であること、バラ園などの目玉コンテンツがあることなどを含意しています。ターゲット（利用者層）とシチュエーション（利用目的）も具体的に示されました。

- 観光客：朝の近隣宿泊者による散策、昼間の散策、バラ鑑賞、修学旅行
- 近隣住民：朝は散歩やランニング、昼間は読書、ペットの散歩
- 近隣就業者：昼食、休憩
- 友人・カップル：ピクニック、散策、休憩
- 家族：休日のピクニック、遊び
- イベント：休日のイベント開催

ここまでみてわかるように、募集要項から読み取れる公民連携の役割分担観は、**自治体が経営戦略ないしマーケティング戦略のレベルを担う**というものです。誰が、何を、どのような強みをもって提供をするかの事業ドメインは横浜市が決めています。

民間は事業戦略を示す

それに対し民間事業者は戦術レベルで幅広い提案権を与えられています。市が策定した戦略目標を実現するため、店舗や飲食店、公共スペースの配分、デザインから商品計画（マーチャンダイジング）までのいわば事業戦略の策定と実行が民間事業者の役割になっています。

市が示す施設仕様にかかる条件も最低限に抑えられており、例えばレストハウスにかかる条件をみると、

① 飲食及び物販の店舗を設けてください
② 公園の利便増進に寄与する機能（サービス、設備又は店舗）を設けてください
③ 無料休憩スペースを設け、管理してください
④ 内装は山下公園にふさわしいものとし、園地Ⓐ（筆者註：岸壁側）と修景上の一体性を持ち、レストハウス内と園地Ⓐとの円滑な利用動線を確保してください

となっています。外装は民間事業者が任意に提案できます。また、今回はアフターコロナ、脱炭素社会、共生社会、デジタル化など昨今の時代背景を反映した次の課題も掲げられました。

① 「新しい生活様式」に対応した取組を実施してください
② 広く山下公園利用者又は周辺地域に対する公益的な取組を実施してください
③ 本市の環境施策（脱炭素化、グリーンインフラ、SDGs など）の推進に資する取組を実施してください
④ IT 技術を活用し、管理・運営の効率性向上に資する取組を実施してください

⑤ ユニバーサルデザインの考え方に基づく取組を実施してください

本書でいう3方よしの第1の視点、地方自治体の公的負担の節約についても具体的な提案が求められています。例えば収益施設とセットで整備される公共スペースにおける横浜市の負担額です。言うまでもなく低い方がプロポーザル上は有利になります。収益施設が受ける管理許可に対する使用料の額も提案項目の1つです。高いほど有利です。公衆トイレの修繕のうち小規模のものは日常の維持管理に含められ民間事業者の負担です。プロポーザルではこの「小規模」をどの水準に設定するかも提案対象になっています。この水準が高いほど横浜市が負担しなければならない大規模修繕の割合は少なくなります。高く提案するほど提案書の評価が上がります。

コストセンターから稼ぐ公園施設への転換

最後に、この事例をとりあげた理由について書きたいと思います。パークマネジメントの発展史におけるCASE 3の意味は2つあります。まず、CASE 3は公園コンビニのさきがけ事例です。売店は昔からありましたが、現代はコンビニに置き換わってきています。

もうひとつは、これが元々自治体直営だった公園施設ということです。民間委託したことで経費削減できたばかりか、新たな収益を得ることができました。コストセンターから「稼ぐ」公園施設に再生した事例です。

公園のベンチに広告を掲示したり、岡山市が下石井公園の公衆トイレにネーミングライツを付し「ヨータス」と命名したりする工夫と同じです。山下公園の場合、観光客をはじめ来園者が多いことが成功要因のひとつであるには違いありませんが、コストセンターを稼ぐ公園施設に転換する発想は、どの自治体にも学ぶべきことがあると思います。

CASE 4 南池袋公園

地下占用料とカフェ収益による維持管理費の完全自給

公 豊島区

民 グリップセカンド

▶公園の概要

南池袋公園	
所在地	東京都豊島区
事業主体	東京都豊島区
公園種別	街区公園
面積	7,812 m^2

▶施設の概要

カフェ・レストラン ——Racines FARM to PARK	
施設種別	教養施設 437.09 m^2
整備費負担	東京都豊島区
施設所有	同上
内装・営業	株式会社グリップセカンド
適用制度	管理許可
事業者選定手法	公募
開業	2016 年（平成 28）

Overview 地下工事の復旧の一環で整備された都会の公園

東京都豊島区の南池袋公園は約6年半の閉鎖期間を経て2016年（平成28）に全面開園。中央に芝生が広がる都会的な公園に様変わりしました。園地の一角には2階建の建物ができ、カフェ・レストラン「Racines FARM to PARK（ラシーヌ・ファーム・トゥー・パーク）」が開店しました。

リニューアルのきっかけは変電所でした。2009年（平成21）に区と東京電力が基本協定を締結。公園の地下に変電所を設置することになりました。その復旧工事の一環として公園を整備した次第です（図表2・9）。

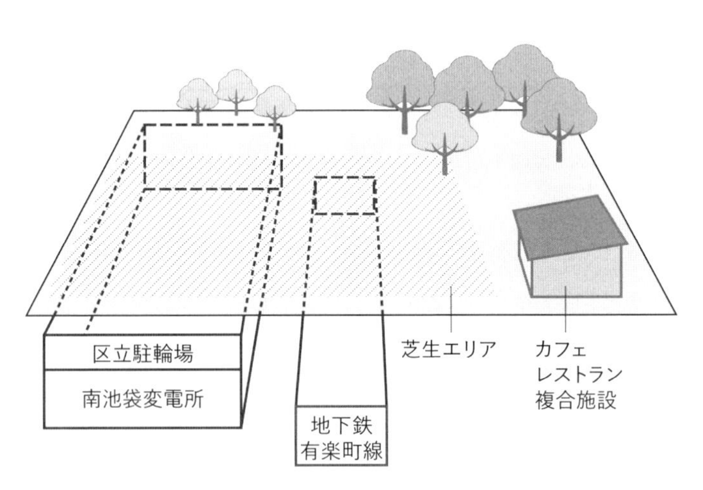

図表2・9　南池袋公園の模式図（出所：筆者作成）

Scheme　管理許可を受けた民間事業者による公園施設の経営

豊島区と民間事業者の役割分担

カフェ・レストランが入る建物は南池袋公園の公園施設として豊島区が整備しました（図表 2･10）。整備費は約 1 億 8,000 万円。施設管理とカフェ・レストランの営業は近隣でレストランを営む株式会社グリップセカンドです。公募によって選定されました。民間事業者は、都市公園法の管理許可による 10 年間の「運営権」を得てカフェ・レストランを経営します。

区の公園施設とはいえ、営業活動にかかるすべての費用を料金収入で賄う完全な独立採算が求められます。店舗内装はじめ設備投資も自己負担です。ちなみに建物内のトイレは公園利用者と供用で、トイレ清掃は運営者に課せられた業務のひとつとなっています。公園施設で店舗を営業する者が公園施設全体の管理を行う点は山下公園レストハウスと同じです。

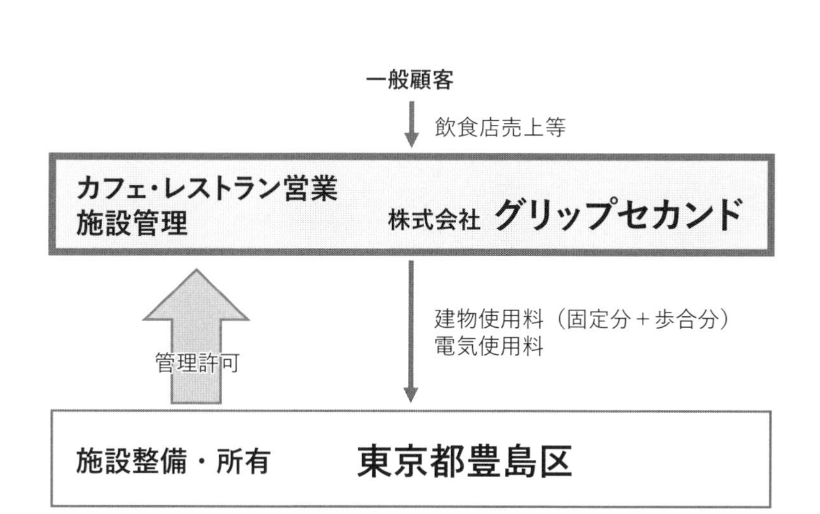

図表 2･10　南池袋公園をめぐるスキーム図（出所：筆者作成）

建ぺい率の問題

カフェ・レストランの入る建物は都市公園法の便益施設ではなく、教養施設（体験学習施設）とされています。区の公園条例によれば建ぺい率の上限は都市公園法を反映し原則2%で、教養施設や災害応急施設であれば10%まで可とされます。南池袋公園の面積7,811 m^2 に対し建築面積は265 m^2 なので建ぺい率は3.4%となります。ここで建物を便益施設と分類すると上限の2%を超えてしまいます。

10%の特例を適用するには建物が教養施設である必要があります。建物の延床面積のうち教養施設の部分が124 m^2 で全体の半分弱。これに防災備蓄倉庫や公衆トイレなどを加えると公益用途が過半を占めることをもって建物全体を教養施設とみなしました[*2]。

事業者に対する貸床面積は227 m^2 で、うち2階の82 m^2 が教養施設に及びます。実際、図書コーナーや食育・環境学習、講義等のワークショップにも使える内装になっています。現状は、このスペースも1階フロアと一体的にカフェ・レストランの2階席として使われています。2階の教養施設は82 m^2 の奥、配膳カウンターを挟んで向こう側にも約26 m^2 あります。こちらもカフェ・レストランの2階席として一体的に使われています。

図表2・11　カフェ・レストランへの来園者で賑わう施設
（出所：筆者撮影）

カフェ・レストランが公園の賑わいづくりに一役買っていることは間違いありません（図表2･11）。想定を上回る収益はその一部が園路や広場等のパブリックスペースの維持管理費に回り、ひいては区の支出削減に貢献しています。

都市公園法の改正で、園路や広場等の整備に対する収益還元を条件に収益施設の建ぺい率を10%上乗せする特例もできました。都市公園に期待される役割は時代や地域によって変わる。収益性と公共性のバランスもそのひとつです。地域の実情に応じた柔軟な対応が求められます。

Review　公園に公的負担なし

3方よしの観点で南池袋公園を検証していきます。第1の視点、地方自治体の公的負担の削減に着眼すると、南池袋公園ケースで目を見張るのは**イニシャルコスト、ランニングコストの両面で公的負担がない**ことです（図表2･12）。建物を除く整備費は約4億円。財源は変電所工事に伴う復旧経費の2億9,000万円で賄い、残りは基金を充当しました。

次に年間収支をみます。豊島区の資料によれば、維持管理費が芝生・低木等の植栽、遊具補修等を合わせて約2,500万円。警備委託費は約300万円かかっています。本書ではこれにカフェ・レストランの建物整備費を

図表2･12　南池袋公園にかかわる豊島区の単年度収支

年間経費	約3,800万円	年間収入	約3,800万円
維持管理費	約2,500万円	占用料	約1,870万円
芝生・低木等植栽	約2,300万円	変電所・東京電力	約1,520万円
遊具補修費	約200万円	地下鉄・東京メトロ	約350万円
警備委託費	約300万円	建物使用料	約1,930万円
減価償却費	約1,000万円	固定分	約1,230万円
（建物工事費約1億8,000万円÷耐用年数18年）		歩合分	約700万円

出所：豊島区資料等から筆者作成

加えてみてみることにしました。整備費約1億8,000万円を耐用年数で按分し単年度ベースに換算します。減価償却費の考え方です。耐用年数は陳腐化も考慮し18年と仮定します[*3]。1億8,000万円を18年で割って年当たり約1,000万円となります。これが年度按分した整備費すなわち減価償却費です。こうして、建物の減価償却費を含めた公園のフルコストは約3,800万円となります。

次に年間収入をみると、公園地下の変電所、地下鉄にかかる占有料が約1,870万円。カフェ・レストランにかかる建物使用料は年間約1,930万円あります。合計すると約3,800万円の収入となります。

すると収入と支出が均衡しているのに気がつきます。つまり、南池袋公園にかかる年間経費は、建物の整備費すなわち減価償却費等を含めたフルコストでみたとしても、公園にかかる占用料と管理許可に伴う建物使用料で賄えていることがうかがえます。南池袋公園に対する豊島区の財政負担

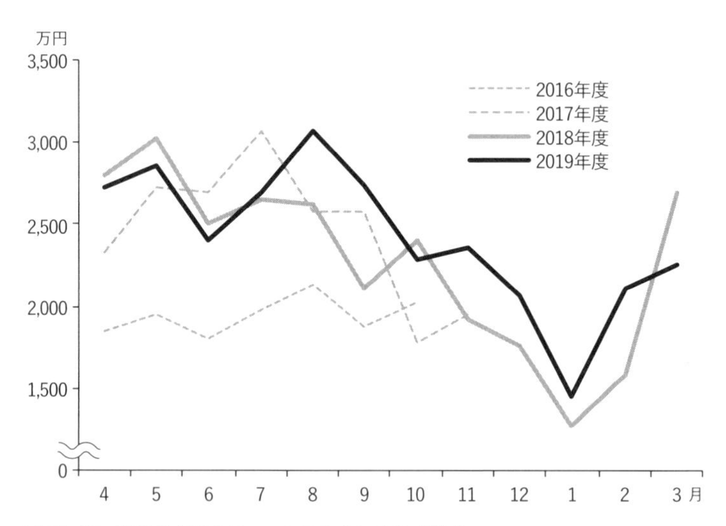

図表2･13　南池袋公園カフェ・レストランの月商推移

（出所：豊島区資料から筆者作成。2016年11~12月、2017年12月、2018年1~2月のデータ無し）

はありません。

第2の視点、民間ビジネスも順調です（図表2･13）。少なくとも新型コロナウィルス感染症が流行する前でみれば好調に推移していました。豊島区がカフェ・レストランの事業者から得る建物使用料は年間約1,230万円の固定分と、月商に応じた歩合分からなります。トイレ清掃など公共スペースにかかる負担もあり、固定分の坪単価は15,000円で周辺の路面店に比べ若干安く設定されています。貸床面積に1階のテラス席は含まれません。歩合分は月商1,719万円を超えた月に生じ、超過分の10%が使用料に加算されます。2018年度（平成30）の使用料合計は約730万円でした。

Insight　地上からは見えない南池袋公園の“すごさ”

南池袋公園の取り組みはパークマネジメントの中でもよく知られた事例です。施設整備費を含めたフルコストが公園にかかる収入で賄われるケースはたいへん珍しいです。持続可能なまちづくりとは主に環境負荷が少ないまちづくりをいいますが、特に自治体の場合、維持管理費を自らの稼ぎで自弁することも持続可能なまちづくりのむしろ重要な要素です。

南池袋公園の事例では特にカフェ・レストランの貢献が目立ちます。事実、カフェ・レストランが人を集め、エリアの価値を上げ、収益の一部が公共スペースの維持管理に還元される好循環を形成しています。他方、収支の全体像をみれば、地下鉄や変電所の貢献が大きいことがわかります。公園整備まで遡ってみればなおのことです。

また、路上駐輪問題に対する地下駐車場の貢献も見逃せません。本書では、そうした地上からは見えない南池袋公園の“すごさ”にスポットライトを当ててみました。

CASE 5 青葉の風テラス

地元企業体の経験を活かした公共施設での営利事業展開

公 仙台市

民 国際センター駅上部施設管理運営事業共同事業体

公園の概要

地下鉄東西線国際センター駅上部施設

所在地	仙台市
事業主体	仙台市
公園種別	なし

施設の概要

国際センター駅市民交流施設「青葉の風テラス」

延床面積	1,146.38 m^2
整備費負担	仙台市
施設所有	同上
内装・営業	国際センター駅上部施設管理運営事業共同企業体 －株式会社モーツァルト（代表） －株式会社都市設計 －特定非営利活動法人都市デザインワークス
適用制度	賃借
事業者選定手法	公募
開業	2019 年（平成 31）

写真提供：国際センター駅上部施設管理運営事業共同体

Overview　駅上公園の中に整備された交流施設

都市公園ではありませんが、公園風のオープンスペースを民間事業者が運営するケースです。2015 年（平成 27）12 月に仙台市で 2 本目となる

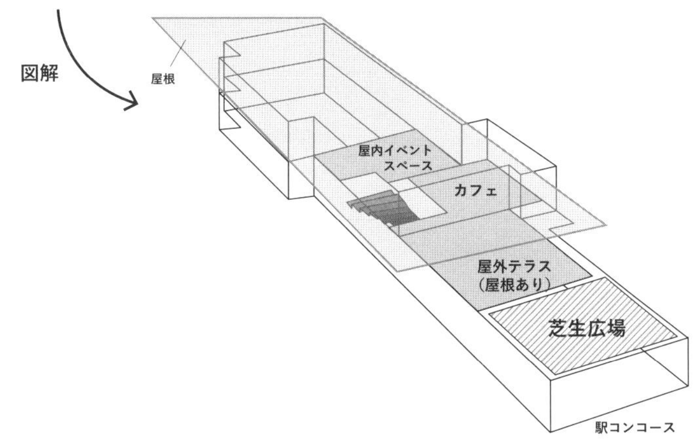

図表 2･14　青葉の風テラス
（出所：写真は国際センター駅上部施設管理運営事業共同体提供。図は国際センター駅上部施設管理運営事業共同企業体提供資料を参考に筆者作成）

地下鉄、東西線が開業しました。仙台駅から３つ目、国際センター駅の２階フロアの愛称を「青葉の風テラス」といい、芝生広場、屋外テラスと屋内の多目的スペースで構成されています（図表２・14）。一言でいえば駅上公園です。仙台駅から乗車５分の距離にもかかわらず青葉山の緑に囲まれており、その名の通り青葉の風が心地よい空間です。広瀬川の河畔をわたる区間で地下鉄は地上を走っており、芝生広場から見える東西線のブルーのラインが森の緑によく映えます。

2015年の開業以来市の直営で、啓発イベントなどに使われていました。例を挙げれば、まちづくりや防災に関する市民向け啓発セミナー、海外留学生との交流会、復興支援コンサートの会場になっていました。利用申請が必要で、使用料は無料でしたが営利目的の利用や会社・個人のプライベート利用は原則禁止されていました。

屋内は多目的スペースになっており、一角にカフェスタンドがあります。主に駅利用者の憩いの場として使われてきましたが、2019年（平成31）4月に地元が３社の共同企業体が担うようになってからイベントが多彩になり、その年の６～８月は利用者が前年の４倍超になりました。初年度のもの珍しさ、学会開催という要因を考慮しても飛躍的に増えたといえます。

Scheme　賃貸借契約に基づく普通財産の運営

青葉の風テラスは、公共施設の運営にあたって業務委託や指定管理者制度ではなく、シンプルな賃貸借契約をベースとしています（図表２・15）。青葉の風テラスは地方自治法上の行政財産（公共用財産）ではなく、貸し付けや売り払いが可能な普通財産です。賃料は月額約30万円。所管する仙台市市民協働推進課によれば、事業展開の自由度が高いスキームを適用することで、民間主導による多様なアイデアやネットワークを活かした事業が可能になり、ひいては周辺エリアのさらなるにぎわい創出が期待でき

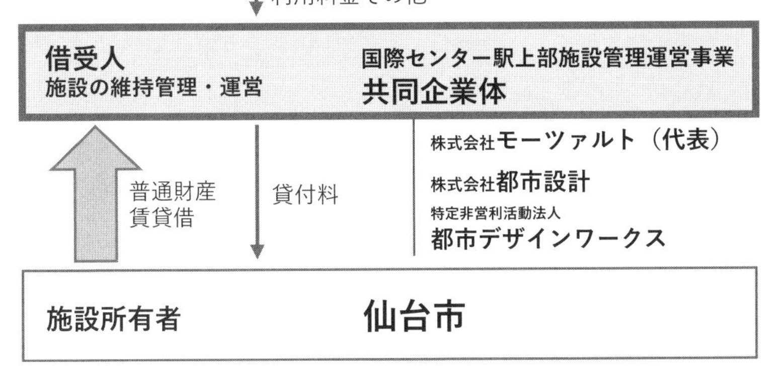

図表 2・15　青葉の風テラスをめぐるスキーム図（出所：筆者作成）

るということです。

青葉の風テラスは、地元の民間事業者３社で構成される「国際センター駅上部施設管理運営事業共同企業体」によって運営されています。共同企業体を構成するのは、老舗の地元カフェ、cafe Mozart（株式会社モーツァルト）、株式会社都市設計、特定非営利活動法人都市デザインワークスの３社で代表は cafe Mozart。施設内のカフェ営業、フロア貸出、イベントやワークショップ等の企画・開催が共同企業体の業務の内容です。

共同企業体は賃貸料を市に支払います。その一方で、共同企業体が事業によって得た収益はすべて自らの収益となります。

Review　多様化したイベントの集客がもたらした収益増

営利事業の解禁

３方よしの切り口で考察してみましょう。本件の特徴は、それまで原則禁止だった営利目的の利用が可能になったことです。

イベントの幅が広がったことも奏功し、上半期のイベント来場者は10,065人となりました。共同企業体による運営が軌道に乗った6月以降3カ月間の実績を前年と比較すると、件数で34件から45件、来場者数は1,585人から7,103人と4.5倍になりました（図表2･16）。

以前はできなかったイベントとして有料コンサート、有料セミナーがあります。ピアノとサックスのコンサートや保育者向けセミナーなどを催しました。6月には地元酒販店が主催のAOBA wine gardenがありました。屋外テラスでワインを楽しむマルシェイベント（青空市）で、ビストロ料理やデザートの屋台が軒を並べました。隣接するせんだい青葉山交流広場で全国餃子まつりが、対面の国際センターでは学会があったことも手伝って、2日で2,000人の来客を記録しました。

社員研修会、懇親会などプライベート利用も可能になりました。家族パーティーの予約も順調で7月には初めてのウェディングパーティーが挙行されました。屋根付きテラス、屋内スペースもあるので不意の天候不

図表2･16　青葉の風テラスの集客状況

		2018年6月～8月		2019年6月～8月	
		件数	人数	件数	人数
営利事業	パーティー事業	-		2	220
	個人パーティー	-		6	237
	販促イベント	-		1	55
	ロケ	-		2	20
	自主企画	-		7	413
営利/非営利	マルシェ・展示会	1	80	6	3,550
	コンサート	5	307	1	100
	セミナー	4	31	4	105
非営利事業	研修会・発表会	12	380	13	1,852
	啓発イベント	11	773	3	551
	その他	1	15	0	0
合計		34	1,586	45	7,103

出所：国際センター駅上部施設管理運営事業共同企業体から聴取のうえ筆者作成

順にも対応できます。8月には保育園が芝生広場とテラスを貸切にして夏祭り会場にしました。

ほとんどのコンサートは民間事業者の人脈で誘致したものです。地元で定期的にミニコンサートを催してきた老舗カフェのセンスが生きています。cafe Mozartは、「仙台の芸術文化を広める場」をコンセプトに、アンティーク家具とクラシック音楽が印象的なカフェを長年営んできました。前述のピアノとサックスのコンサートはcafe Mozartつながりで実現したものです。青葉の風テラスを拠点に立ち上げたサイクリングクラブも好評です。アクセスに優れた駅上公園の魅力を引き出す工夫を凝らしています。

有料化の効用

有料化によってイベント数や来場者の減少を予想する声もありましたが、実際はそうではありませんでした。それればかりか、**営利利用を解禁したことで集客ひいては利用者ニーズを意識したイベントが増えました**（図表2･17）。以前からあった啓発イベントやサークル等の発表会も有料化をきっかけに濃度が高まり、より地域ニーズを意識したものが残っていま

図表2･17　屋内スペースで開催されたイベント（提供：国際センター駅上部施設管理運営事業共同体）

す。有料化といえば粗大ゴミの収集を有料化することで分別が進み、ゴミの総量は減ることが知られています。有料化によってコスト意識が働き、規律が高まる点において相通じるところがあるように思われます。

以前から多目的スペースと屋外テラスは、コンサートやその他の催し物に使われていました。もっとも市の直営だった頃は、使用料が無料である代わりに、営利目的の利用や会社・個人のプライベート利用は原則禁止されていました。無料だったこともあって民業圧迫を気にしてか、アピールも控えめだった傾向があります。

一方、オープンアクセスという意味での公共性も確保されている点申し添えます。予約がない時間帯は従来通りフリースペースとして使われています。平日などはイベント予定がない時間帯も多く、知名度が高まった分、市民に親しまれ実際に使われるという意味での公共性は高まりました。

委託後にイベントが多様化し市の負担は4分の1に

3つの視点の第1、自治体の公的負担の節約についてはどうでしょうか。以前はフロア貸出が無料だったことを考えれば、新体制になってからふつうの公共施設から「稼ぐ公共施設」に転化したといえます。前と違って集

図表 2･18　予算の比較

	直営 2018年度	現体制 2019年度	増減
支出 A	3,152	1,354	－1,798
光熱水費	389	550	161
消防設備点検等	63	54	－9
施設管理委託料	2,700	750	－1,950
収入 B	147	575	428
賃貸料	91	409	318
光熱水費負担金	56	166	110
市の負担額 A-B	3,005	779	－2,226

出所：仙台市から聴取のうえ筆者作成

客増がすなわち収益増に直結するようになりました。

財政メリットは市の負担額が減少したことです。前年度において市の負担額は予算ベースで年額3,005万円でしたが、現体制では779万円と約4分の1に減りました（図表2·18）。貸出事務等の委託料が無くなり、民間事業者から賃貸料を徴収するようになったからです。

Insight　コロナ禍のピンチをチャンスに変える

本書は基本的に新型コロナウィルスが流行する前の視点で執筆しています。コロナ禍による外出制限の下、観光業は少なからぬ影響を受けました。公園施設も軒並み休業を余儀なくされています。こうしたコロナ禍による減収は、本書で公民連携効果を論じるにあたってノイズとなると考えられたからです。

とはいえ、本書の執筆にあたって後日談を聞いた限り、コロナ禍は公園施設にとってデメリットばかりではなかったようです。コロナ禍で公園のオープンエアという特性が強みとなり、それが広く知られることで誘客の幅が広がったという側面もありました。青葉の風テラスの企画運営統括を務める株式会社都市設計の氏家滉一氏は2020年度以降の運営を振り返り、次の点を指摘しています。

- 開放的空間がコロナ禍においても安心感を与え、他の施設に比べて動員やイベント数の落ち込みが最小限だった。
- 他の公的施設、エンタテインメント施設が閉鎖されたことにより、音楽、エンタテインメントの発表ができる場としてより使われる場になり、DJイベント、ジャズの有観客配信コンサート、ピアノコンサートなどさらに受け入れコンテンツの幅が広がった。
- 東京など他地方のお客様へも認知が広がり、仙台外の主催者によるイベント、展示会なども急増した。

CASE 6 前橋公園〈るなぱあく〉

混合型の指定管理者制度で遊園地の利用者増を達成

公 前橋市

民 オリエンタル群馬

▶公園の概要

前橋公園

所在地	前橋市
事業主体	前橋市
公園種別	総合公園
面積	15.8 ha

▶施設の概要

遊園地
——前橋市中央児童遊園（愛称：るなぱあく）

施設種別	遊戯施設 他に管理棟、公衆便所、駐車場 敷地面積 8,815 m^2
整備費負担	前橋市
施設所有	前橋市・（一部）株式会社オリエンタル群馬
営業	株式会社オリエンタル群馬
適用制度	指定管理者制度・（一部）設置許可
事業者選定手法	公募
開業	2015 年（平成 27）

写真：©Shota Watanabe

Overview　昭和レトロのミニ遊園地

群馬県の県都、前橋市を代表する前橋公園の一角に「るなぱあく」と呼ばれる昭和レトロのミニ遊園地があります。開園は1954年（昭和29）。正しくは前橋市中央児童遊園といい、「るなぱあく」という愛称は2004年（平成16）に市民公募で付けられました。

メリーゴーランド、飛行塔、豆汽車、豆自動車など、親子で乗る乳幼児からせいぜい小学生低学年までの子どもたちを対象としたような乗り物があります。これら「おおきなのりもの」が1回50円、もくば館など「ちいさなのりもの」は10円となっています。入園料は無料です。

利用者数はリニューアル以降120万人前後で推移していましたが、2015年度（平成27）、株式会社オリエンタル群馬が指定管理者として公園を経営するようになってから利用者数が増えました。新型コロナ禍前の年度ピークは指定3年目、2017年度の172万人です（図表2·19）。**同じ**

図表2·19　前橋公園〈るなぱあく〉の周辺図（出所：筆者作成）

公園、同じ立地であっても、経営の工夫次第で集客が大きく異なることを示した事例です。

Scheme　混合型の指定管理者制度

るなぱあくの運営には指定管理者制度が適用されています（図表 2・20）。指定管理者制度には民間事業者が一般顧客から利用料金を収受して公共施設を運営する利用料金制と、自治体から指定管理委託料を受領し公共施設を運営する代行制があります。

本ケースの基本は利用料金制で、遊具利用料や売店・イベント売上が事業者の主な収入です。施設の運営費、維持管理費、修繕費その他の経費も事業者が負担する独立採算が原則となっています。

原則というのも、大規模修繕は市の負担で、年度毎に市から受け取る指定管理料もあるからです。事前に提出された計画上の必要経費から収入見

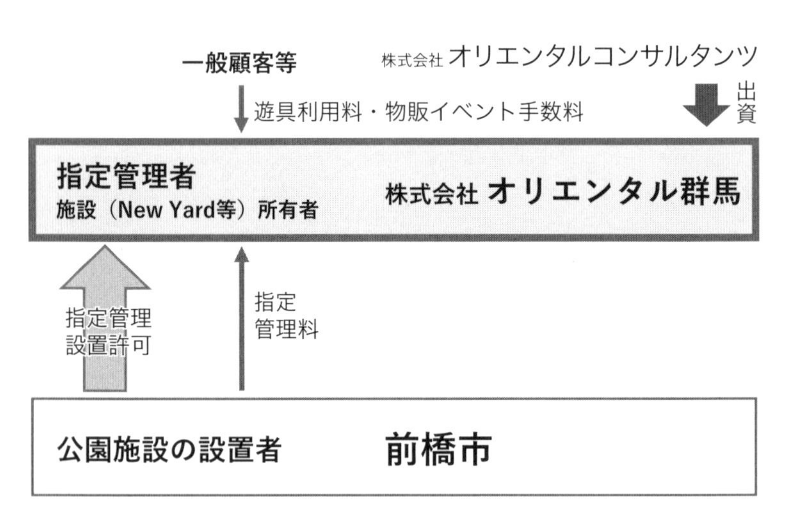

図表 2・20　前橋公園〈るなぱあく〉をめぐるスキーム図
（出所：筆者作成。指定管理者は 2020 年 4 月以降、「Made inMAEBASHI コンソーシアム共同企業体」（代表は株式会社オリエンタル群馬））

込みを差し引いた額を基に指定管理料が決められます。2018年度実績は2,450万円で利用料金の半分弱です。指定管理料は渡し切りで資金使途は自由です。**独立採算を原則としつつ、収支の足らずまいを市が負担する混合型が本ケースの特徴です**。

足らずまいを補てんするとはいえ、90年代の観光施設で社会問題になったような、第三セクターが放漫経営で作った赤字を自治体が穴埋めしたケースとは本質的に異なります。るなぱあくの指定管理料は事後ではなく年度初に決められるからです。集客不振による赤字リスクは事業者に残され、ひいては経営の規律が保たれます。

また、本ケースの指定管理料は市営遊園地ならではのコストといえます。条例によって、るなぱあくは大型遊具でも利用料金が1回50円以下に抑えられています。その分を市が拠出していると解釈することもできるからです。混合型は公益性と経営規律を両立する運用の妙といえるでしょう。

指定管理者制度が導入されたのは2006年度（平成18）で、2015年度（平成27）から5年間はオリエンタル群馬、2020年度（令和2）からは共同企業体の「Made in MAEBASHI コンソーシアム」が指定管理者を務めています。共同企業体はオリエンタル群馬を代表とする地元企業4社で構成されています。

Review　リスク限定と閑散期対策が集客増に結実

自治体のリスク限定

3方よしの観点で検証してみます。

第1の自治体視点についていえば、自治体が集客のリスクから切り離され、つまり集客の多少にかかわらず自治体が民間事業者に支払う額が一定である点が挙げられます。

公的負担を伴わずして公園施設が増えたのも成果の１つです。後述しますが、受託２年目に民間事業者が自己負担で休憩スペースを整備しています。2020年（令和2)、受託２期目を機に、主に平日の来園を念頭に新たなアトラクションを増やしました。立体迷路「とことこ迷城」です。これも市の設置許可による公園施設で、整備費約9,000万円は指定管理者の自己負担で賄われました。

閑散期対策の妙

公的負担の節約以上に、本ケースで目立つ成果は集客増です（図表2･21)。これは３方よし第３の視点の住民満足度の表れといえますし、遊具使用料の増収でいえば第２のビジネス視点でもあります。

るなぱあくの再生にあたり同社が着眼したのは閑散期の集客でした。一連の策が奏功し、指定管理者の受託２年目以降３年度間の平均利用者数は、受託前３年度間に比べ28％増加しました。月別にみると増加率が最

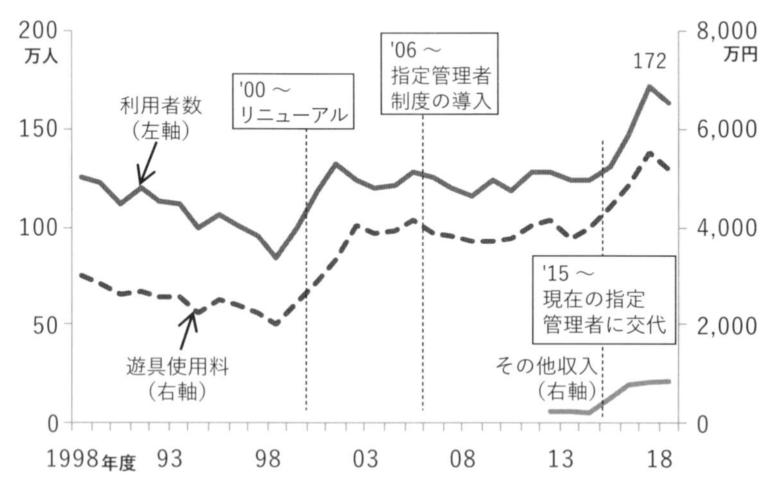

図表2･21　前橋公園〈るなぱあく〉の利用人員の推移（出所：筆者作成）

も高かったのは12月の78%で、これに次ぐのが2月と8月です。閑散期の底上げに目が留まります。

図表2･22から、受託前3年度における平均利用者数の推移をみると、12月～2月の利用が少ないことがうかがえます。梅雨明け後、夏休み期間の伸びも今ひとつでした。「利用者満足度調査」を見ると真夏の暑さ、真冬の寒さが厳しく屋内施設を求める声がありました。そこで受託1年目はヒーターを配置し寒さ対策とした次第です。翌冬にはコンテナハウス製の休憩スペース「New Yard」を設置。地元素材にこだわる6次化カフェ「おむすびのマム」が開店しました。New Yardは豆汽車・豆自動車の周回コースの内側にあり、つきそいの大人がテラス席で遊具に興じる子どもを見守りながらカフェでくつろげるのがポイントです。New Yardは都市公園法の設置許可を得て整備された公園施設です。整備費約3,000万円はオリエンタル群馬とNew Yard整備に関係した地元5社が負担しまし

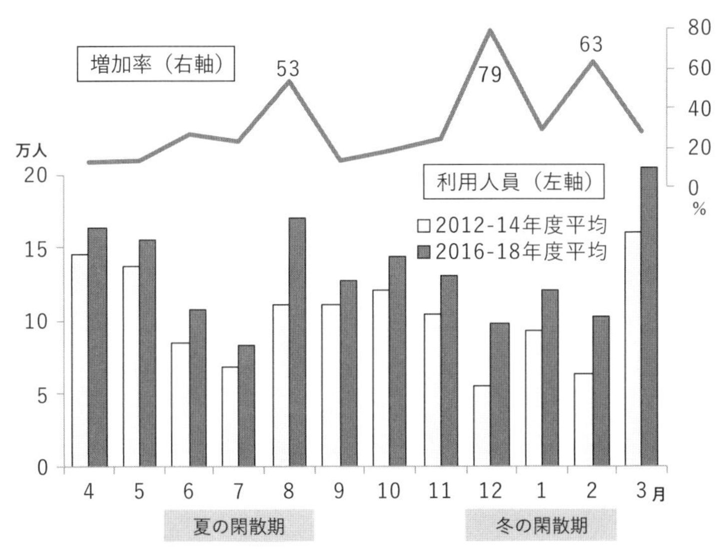

図表2･22　前橋公園〈るなぱあく〉の月別の利用人員と増加率の推移
（出所：前橋市の資料から筆者作成）

た。給排水設備以外の公的負担はありません。

イベント戦略

夏の閑散期対策としてはイベントに力を入れました。小学生対象のスタッフ体験「るなぱDEohhh！しごと」、園庭でクラフトビールが飲める夜のイベント、「るなぱDEないと」などがあります。言うまでもなく後者のターゲットは20～40歳代の男女です。背景には、来園客の4分の3は親子連れ、祖父母と一緒に来るケースもあり、子どもだけの来園は1割程度という事実があります（図表2･23）。るなぱあくをよく知らない子育て世代にまずは遊園地を認知してもらう戦略ですが、子ども向けと思われてきたるなぱあくで大人も楽しんでもらう取組みでもあります。

通年の底上げ策としてはキッチンカーの誘致に取り組みました。新型コロナの流行前には窯焼きピザやクレープ店など平日3～4台、土休日6～7台が開店していました。土休日には似顔絵コーナーが登場し、バルー

図表2･23　アトラクションに並ぶ親子連れの行列（提供：前橋市中央児童遊園）

ンアートやジャグリングなど大道芸も催されました。遊具よりむしろキッチンカーや大道芸めあてに来園する客もいるようです。

その他、広報戦略として Facebook や LINE を開設。ウェブサイトにはキッチンカー出店やイベント開催予定が日々更新されています。メディアが多くとりあげたこともあって以前に比べ県外客が増えました。アンケートによれば約 3 割が県外客です。滞在時間 1 ～ 2 時間程度の立ち寄りが多い地元客に対し、県外客は、るなぱあく目的の来園で、日中いっぱい滞在するケースが多いようです。

Insight　閑散期対策とは真逆の自治体の観光振興策

るなぱあくの改善ポイントは閑散期対策でした。ひるがえって地方自治体の観光振興を考えてみましょう。オンシーズンあるいはイベント期間の入り込み客を競っていないでしょうか。打ち上げ花火的なイベントに予算を投じた賑やかしには意味がありません。特に観光振興を経済活性化に結びつけるならば実利思考が必要です。

本来、ハコモノ経営で最優先に考えるべきは通年稼働、すなわちピークをさらに高くするよりボトムを底上げするのがポイントです。人員体制や施設規模はピーク需要に合わせて決まるのに対し、施設費や人件費など固定費は通年でかかるからです。つまりピークとボトムの差が大きいほど、ピーク時以外の赤字幅が大きくなります。

ピーク時にパート・アルバイトを短期雇用する手もありますが、それでは雇用が安定しません。忙しいわりに地域所得は上がらず、自治体の経済振興策とすれば悪手と言わざるをえません。

「稼ぐ」すなわち所得向上と雇用の安定に主眼を置いた観光振興を目指すなら、力を入れるべきはオンシーズンのイベントで盛り上げるより閑散期を底上げし、通年の稼働率の平準化を目指すべきといえます。

CASE 7 横浜公園・横浜スタジアム

45年前のコンセッション制度と球団・球場の一体経営

公 国・横浜市

民 横浜スタジアム・横浜 DeNA ベイスターズ

▶公園の概要

横浜公園

所在地	横浜市
事業主体	横浜市
公園種別	総合公園
面積	6.4 ha
土地所有	財務省（国）

▶施設の概要

野球場
――横浜スタジアム

施設種別	運動施設 19,000 m^2
整備費負担	株式会社横浜スタジアム
施設所有	横浜市
貸館営業（スポーツ興行）	株式会社横浜スタジアム（株式会社横浜 DeNA ベイスターズ）
適用制度	負担付き寄附＋管理許可
事業者選定手法	非公募
開業	1978年（昭和53）

Overview　都市公園法の枠組みで整備するスポーツ施設

野球場、サッカー場、体育館をはじめとするスポーツ施設も都市公園法の公園施設です。都市公園の枠組みで民間の自由度の高い公民連携スキームが実現できます。公園とスポーツ施設の組み合わせの第1例は横浜公園の横浜スタジアムです（図表2･24）。

ポイントは3つあります。ひとつは自治体の公的負担なしで公共施設を整備したことです。次は、スタジアムのユーザーがスタジアムを経営したことです。最後はスポーツ施設を擁する都市公園を基軸としたまちづくりです。こちらは公園まちづくりの章（CHAPTER 5）であらためて説明します。

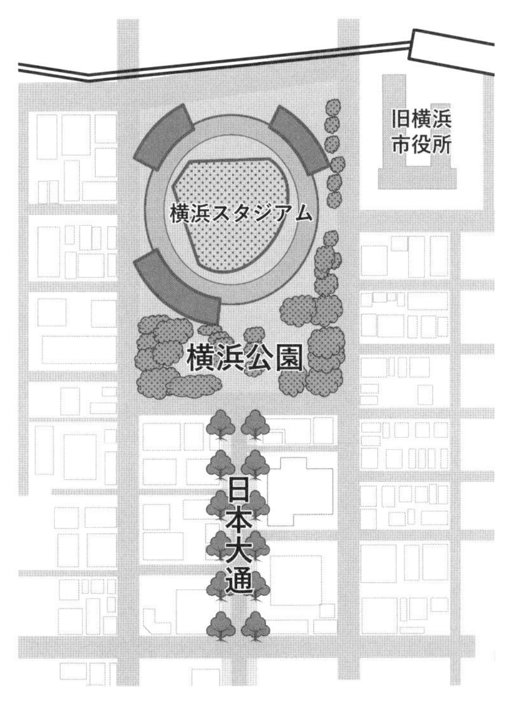

図表2･24　横浜公園・横浜スタジアムの立地（出所：筆者作成）

負担付き寄附・管理許可

PFI制度が発足したのは1999年（平成11）、公共施設等運営権方式が導入されたのは2011年（平成23）のPFI法改正ですが、民間資金が主導する公共施設整備という意味では1970年代にその先駆となる例がありました。横浜スタジアムの整備例です。

背景には2度にわたるオイルショックがありました。前例のない景気

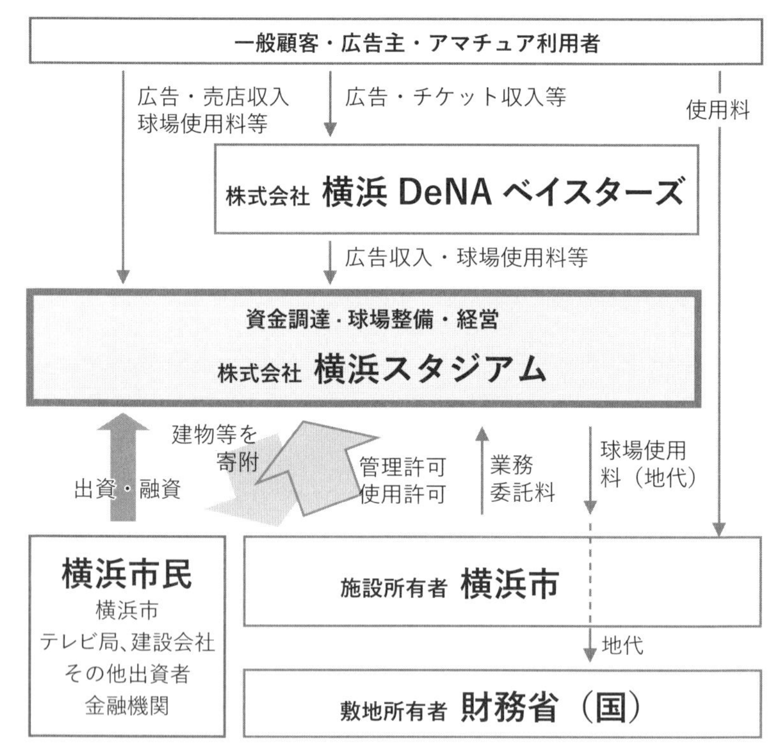

図表2・25　横浜公園・横浜スタジアムをめぐるスキーム図（出所：筆者作成）

低迷の余波で自治体財政も逼迫していました。財源不足の時代に必要な公共施設をいかにして整備するかが、横浜スタジアムの公民連携の背景にありました。

横浜スタジアムは市の都市公園「横浜公園」の園内の公園施設です。新設当時は横浜大洋ホエールズのフランチャイズ球場でした。

どうやって公的負担なしでスタジアムを整備したのか。適用したのは、市民からの出資を財源に野球場を建設し、完成後に横浜市に寄附（負担付き寄附）。代わりに施設利用権を得て球場経営する方法です（図表2･25）。

建設の経緯

まずは「横浜スタジアム」の2つの意味にご留意ください。ひとつ目は野球場の名称としての「横浜スタジアム」です。次に会社名の株式会社横浜スタジアムがあります。株式会社横浜スタジアムはさらに2期に分かれます。野球場の完成前、建設資金の受け皿となった会社と、野球場の完成後に貸館事業を営む会社です。同じ会社ですが完成前と完成後では性質が異なります。

順を追って説明すると、1977年（昭和52）2月、横浜市民から1口250万円で800口分を集めた20億円を資本金として株式会社横浜スタジアムが設立されました。出資者には1口1席のオーナーズシートが割り当てられました。

さらに横浜市、建設にかかわった11社、テレビ局、球団の親会社など関係者の増資で14億8,000万円を調達。金融機関からの借入金も導入し総工費52億2,800万円を捻出しました。資金の受け皿となったのが野球場と同じ名前の株式会社横浜スタジアムで、PFIでいう特定目的会社（SPC）のようなものです。球場名と区別するため「球場会社」と呼ぶこととします。その後4月に横浜スタジアムが着工されました。

横浜スタジアムの建設及び管理運営に関する協定

1977年12月、球場の寄附に先立って球場会社と市は「横浜スタジアムの建設及び管理運営に関する協定」を締結しています。横浜スタジアムの公民連携スキームが端的に表されています。

まず、同社が多目的球技場と屋内練習場を建設し、市に寄附することを定めています（第2条）。これに対し、市は同社に球場を使用させるとしています。期間は45年です（第3条）。使用目的にはプロ野球興行つまり営利事業が含まれています（第4条、第6条）。さらに売店や広告の営業、テレビ放映など球場ビジネスが幅広く認められています（第6条、第7条）。

維持補修は自己負担で実施しなければなりません。その結果付加された物件は市の所有に属します（第9条）。横浜スタジアムは一体として市の所有物なので、球場施設の維持管理は市から受託するかたちとなります（第10条）。球場会社が持つのは球場の所有権ではなく、興行その他の球場ビジネスを実施する権利です。端的に「運営権」といっても差し支えないでしょう。

株式会社横浜スタジアムの財務諸表をみると、資産の部に「施設利用権」が計上されています。寄附の対価として得た施設利用権は、貸借対照表上の資産でもあり、毎年度の減価償却の対象となっています。この点、PFI法の公共施設等運営権（コンセッション）制度と取扱いが同じで興味深いです。

公園施設の寄附に関する契約書

その翌年、1978年（昭和53）、球場の寄附にあたって締結した「公園施設の寄付に関する契約書」は協定を引き継いでおり内容はほとんど同じです。ただし、協定で定めた条件が満たされないときは寄附を取り消すことができること、取り消しによって球場会社が被る損害は協議のうえ補てんされることなどが定められています（第2条）。不測の事態で初期投資が回収不能になるリスクに備えられています。

また、協定で定められた契約期間は45年ですが、管理許可制度でいえば都市公園法の上限は10年となっています。実際は、公営施設の使用許可は1年、管理許可は3年期限となっています。協定等に基づき、使用許可、管理許可を期限満了の度に更新する仕組みです。

1977年12月14日

横浜スタジアムの建設および管理運営に関する協定

第2条　同社は、球場等を建設し、市に寄附する。

第3条　市は、球場の公開から45年間は球場を廃止できない。

第4条　市は、昭和53年4月からプロ野球等興業のため、同社に球場を使用させる。

第6条　同社は、売店の経営、移動販売等を行うことができる（使用料は免除）。

第7条　同社は、広告物の掲出、テレビ放映等を行うことができる（使用料は免除）。

第9条　同社は、維持補修を自らの費用で行い、付加された物件は市の所有に属する。

第10条　同社は、球場施設の維持管理業務等を市からの受託により実施する。

第13条　市は、必要と認める事項について、随時報告を求めることができる。

第14条　市は、球場の適正な管理運営のため、同社の業務処理に対し必要な助言及び勧告を行い、又は必要な措置をとるよう指示することができる。

1978年3月18日

公園施設の寄附に関する契約書

第2条　同社は、球場施設の市への寄附については、次の各号（協定の規定内容）を条件とし、この条件の一部でも満たされなくなったときは、寄附を取り消すことができる。

Review　公的負担なき施設整備

3方よしに着眼し本ケースを検証してみましょう。

3方よしのうち地方自治体の公的負担の節約の観点から考えてみます。横浜公園の公園施設（野球場）を整備するにあたって、横浜市の負担はありませんでした。完成後の維持管理費にかかる市の負担も最低限に抑えられています。というのは、市から球場会社に支払われている業務委託料4,200万円が、アマチュア使用の対価としての意味合いを含んでいるからです。横浜スタジアムは公共施設であるため、春夏の高校野球大会などでも使われています。

また、球場会社から球場使用料を徴収しています。これは国に支払う地代に回っています。野球場の敷地の横浜公園は横浜市が管理する都市公園ですが、その所有権は国にあります。国有地です。国有地の無償貸付による公園用地だったため、その上物は自治体の公園施設でなければならないという事情もありました。球場建設後も無償貸付の原則は維持されつつ、野球興行にかかる敷地に限り、興行期間に応じて地代が課される仕組みとなっています。

Insight　球団・球場の一体経営の効果

球団・球場の一体経営

本事例のもうひとつのポイントは、球場のユーザーたる球団が球場を経営していることです。はじめからそうだったわけではありません。球団と球場の関係において、横浜スタジアムは大きく3つの期に分かれています。

球場に対する球団の立場に着眼すると、1978年（昭和53）から2011年（平成23）までは「店子の時代」です。それに対し球場会社は大家となります。

2012年（平成24）から2015年（平成27）は「協調の時代」、球場会社と球団の役割分担関係がはっきりしていました。2016年（平成28）以降は「親会社の時代」です。球場開設当初の親子関係が逆転し、球場会社は球団の子会社になりました。

店子の時代の貸館ビジネス

開設以来の店子の時代。元々横浜スタジアムはアメフトやコンサートなどにも使える可変席の施設でした。砂かぶり席を動かすことで長方形のフィールドを作ることができました。プロ野球球団は球場会社にとって主要顧客であっても複数いる顧客の1つでした。一般論をいえば、球場経営の収益を最大にするには稼働率を高めることが最も重要です。特定の球団はおろか野球に特化するのも最適とは限りません。アメフト、コンサート、展示会やその他のイベント等、広く分散してユーザーを募ったほうが経営は安定します。典型的な貸館ビジネスでした。

横浜スタジアム内の売店にかかる物販収入、広告収入はすべて球場会社に帰属します。プロ野球球団に対してはその一部を広告収入等球団分配金として還元していました。プロ野球球団に対する球場使用料は時間当たり

貸館ビジネスからエンタテインメントビジネスへ

貸館ビジネス

1978年～2011年 店子の時代
大家：株式会社横浜スタジアム
店子：横浜大洋ホエールズ、横浜ベイスターズ

2012年～2015年 協調の時代
球場運営：株式会社横浜スタジアム
球団運営：横浜DeNAベイスターズ

2016年～ 親会社の時代
親会社：横浜DeNAベイスターズ
子会社：株式会社横浜スタジアム

エンターテインメントビジネス

の額ではなく、チケット売上の 25%となっていました。

協調の時代

球団・球場一体経営に舵が切られたのは、球団が株式会社横浜 DeNA ベイスターズの経営になってからです。2012 年（平成 24）に球場使用基本契約を新たに締結し、それまで球団が球場会社に支払う球場使用料が入場料の 25%だったのが 13%に下がりました。球場会社が得る球場使用料は前期比 4 割減となりましたが、球団が入場者を増やす工夫を講じたことで入場者が 1 割以上増加、販売部門の増収等により経常利益は前年度を上回りました。

露出効果が高いフェンス広告を球団が手がけ、フェンス上部にリボンビジョンを新設するなど広告機会を増やす工夫もありました。場内にオフィシャルショップも開店しました。背景には、球団と球場会社の契約期間がそれまで単年度だったのが 7 年契約になったことがありました。球場会社にしてみれば、契約期間が長くなったことで投資回収リスクが減ったのです。

また「コミュニティボールパーク」と銘打って矢継ぎ早に個性的な改修を繰り出しました。例えば、個室の観戦ラウンジ、ボックス席、ファウル

ゾーンにせり出した砂かぶり席など多種多様な座席を揃えました。

球団と球場の一体化を示すリニューアルといえば、それまでオレンジが基調だった球場をチームカラーの「横浜ブルー」に統一したことです。2016年（平成28）から3年かけて全席を横浜ブルーに塗り替えました。

親会社の時代とビジネスモデルの転換

2016年（平成28）、横浜DeNAベイスターズの株式公開買付け（TOB）によって、球場会社が球団の子会社となりました。球団と球場の一体性の度合いがより強まったといえます。店子の時代からみれば親子関係が逆転したことになります。親子逆転でビジネスモデルが根本的に変化します。店子の時代において球場会社は貸館ビジネスでした。稼働率を100%に近づけることが至上命題です。

これに対し、親会社の時代において球場会社はエンタテインメントの手段となります。野球興行を主とする球団ビジネスの舞台装置となります。あるいは収益施設のひとつです。プロ野球公式戦がエンタテインメントの主要なコンテンツで球場の集客装置になります。

入場者数と業績の推移

横浜スタジアムの入場者数をみてみましょう（図表2･26）。目を見張るのは、横浜DeNAベイスターズの参入を機に入場者数が急増したことです。2012年度（平成24）以降の3年で1.8倍に増えました。相次ぐリニューアルで施設自体の魅力が高まったからかプロ野球公式戦だけでなくアマチュア野球等の入場者数も増えています。

横浜DeNAベイスターズが親会社となった以降、入場者の総数はほぼ横ばいですが、内訳をみるとプロ野球公式戦の入場者数は伸び続け、2019年度（令和元）は約267万人と2011年度（平成23）の2.3倍の水準です。プロ野球公式戦の「大入り率」は100%となり、すでに収容能

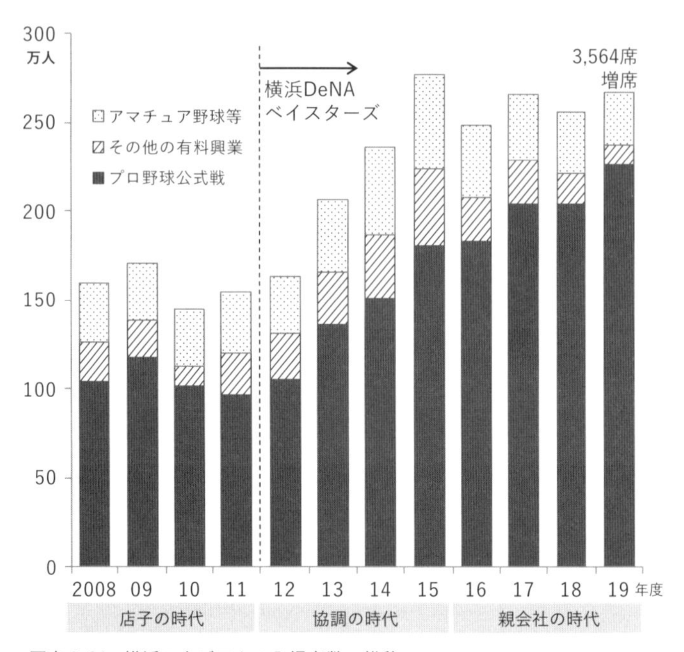

図表 2･26　横浜スタジアムの入場者数の推移（出所：横浜市統計書から筆者作成）

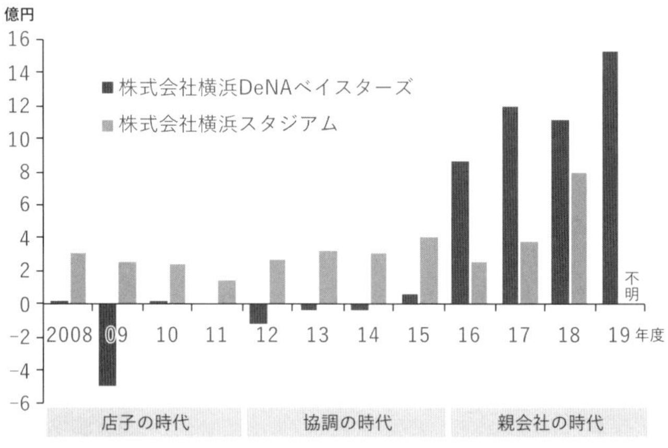

図表 2･27　株式会社横浜 DeNAベイスターズと株式会社横浜スタジアムの当期純利益の推移

（出所：横浜 DeNAベイスターズは 12 月決算で 2010 年度まで株式会社横浜ベイスターズ。決算公告から筆者作成。横浜スタジアムは 1 月決算で単体ベース。有価証券報告書から筆者作成）

力の上限に近くなっています。

横浜 DeNA ベイスターズと横浜スタジアムの利益水準の推移を示したのが図表 2･27 です。横浜 DeNA ベイスターズが参入し、協調の時代にわたって入場者数は増えましたが球団の当期純利益は増えませんでした。球場会社を子会社化して以降、利益水準が大幅に向上しました。

2020 年東京五輪に向けた増改築

横浜スタジアムは 2020 年東京五輪の野球・ソフトボール会場になっています。会場に選定後、2019、2020 年度の 2 年で約 6,000 席増やす増築工事をすることになりました。バックネット裏に個室観覧席、屋上テラス席を構築。左右両翼にスタンド席を増設し、外周を回遊デッキでつなぐ計画です。85 億円の事業費は球場会社が負担します。

2017 年（平成 29)、議会に対し、横浜スタジアムの増築に合わせて横浜公園の建ぺい率の上限を 38%にすること、増築部分にかかる負担付き寄附を受け入れることについて上程、議決されました。ここでいう自治体の「負担」は供用開始後さらに 40 年にわたって球場を市の公園施設として運営する権利となります。

民間側から見れば拠出した 85 億円の対価として得るものです。自らの資金で民間が整備した施設をその後の施設利用権の取得を条件として市に寄附するスキームは新築時に適用したのと同様です。ただし、今般の負担付き寄附には新築時にはなかった条件が加えられています。現状は、横浜市が国に横浜公園の敷地である国有地の使用料と同額を徴収するものとしています。これに対し、今般はプロ野球やコンサート等の興行によって球場会社が得る使用料収入の 8%が横浜市に支払われることになりました。市の使用料収入が収益に連動するかたちになります。

One Point 「運営権」の貸借対照表への計上方法

民間事業者が自らの資金を拠出して公共施設を整備。完成後は地方自治体に寄附し、対価として当の公共施設を運営する権利を得る一連の仕組みが横浜スタジアム事例の特徴です。これはPFI法の「公共施設等運営権」(コンセッション)と重なります。公共施設等運営権は文字通り公共施設等を運営する権利であり、担保を設定でき、契約期間にわたって減価償却できる財産権でもあります。単体の建物ではなく、いくつかの建物が集まってひとつの機能を発揮する財団でもあります。地方自治法の負担付き寄附と都市公園法の管理許可をセットしたこのスキームはまさに運営権であり財団です。

2008年度(平成20)決算まで、横浜スタジアムは、都市公園法の管理許可による運営権を「スタジアム施設興行等占用利用権」の科目名で無形固定資産に計上し、「スタジアム施設興行等専用利用権償却」という費用科目で毎期償却していました。完成後、追加的に整備した部分については「設備工事負担金」の科目で計上し、同じように償却していました。その翌年度から「スタジアム施設興行等占用利用権」は「施設利用権」という科目名になりました。2017年度(平成29)、横浜DeNAベイスターズの子会社になったことを契機に、2科目合わせて有形固定資産の「リース資産」に組み替えています。都市公園法の「運営権」も公共施設等運営権と同じく貸借対照表上の資産と認識され減価償却の対象になっていたこと、リース資産とも解釈できることは興味深いです。

CASE 8

万博記念公園・市立吹田サッカースタジアム

民間のイノベーションを引き出す性能発注

公 大阪府・吹田市

民 ガンバ大阪

▶公園の概要

日本万国博覧会記念公園

所在地	吹田市
事業主体	大阪府
公園種別	大阪府日本万国博覧会記念公園条例に基づく公園
面積	264 ha

▶施設の概要

サッカー場
——市立吹田サッカースタジアム（パナソニックスタジアム吹田）

施設床面積	24,712.63 m^2
整備費負担	スタジアム建設募金団体
企画・計画	同上
施設所有	吹田市
営業	株式会社ガンバ大阪
適用制度	負担付き寄附＋指定管理者制度
事業者選定手法	非公募
開業	2016 年（平成 28）

Overview　公的負担なしで整備したサッカースタジアム

吹田市の万博記念公園の敷地に、収容人数39,694人のサッカースタジアムが建設され2015年（平成27）に開場しました（図表2･28）。サッカーJ1ガンバ大阪の本拠地で、万博記念公園にあるPanasonic Stadium Suita（パナソニックスタジアム吹田）は吹田市の公共施設です。正式には市立吹田サッカースタジアムといいます。

整備費140億8,566万円で、スタジアム建設募金団体がスポンサーやサポーター等から集めた募金が原資です。完成後に吹田市に寄附されました。その後、株式会社ガンバ大阪が指定管理者の指定を受け、施設経営をしています。**公的負担のない公共施設整備、集客を見通した仕様決定、工程の柔軟さが事例のポイントです**。

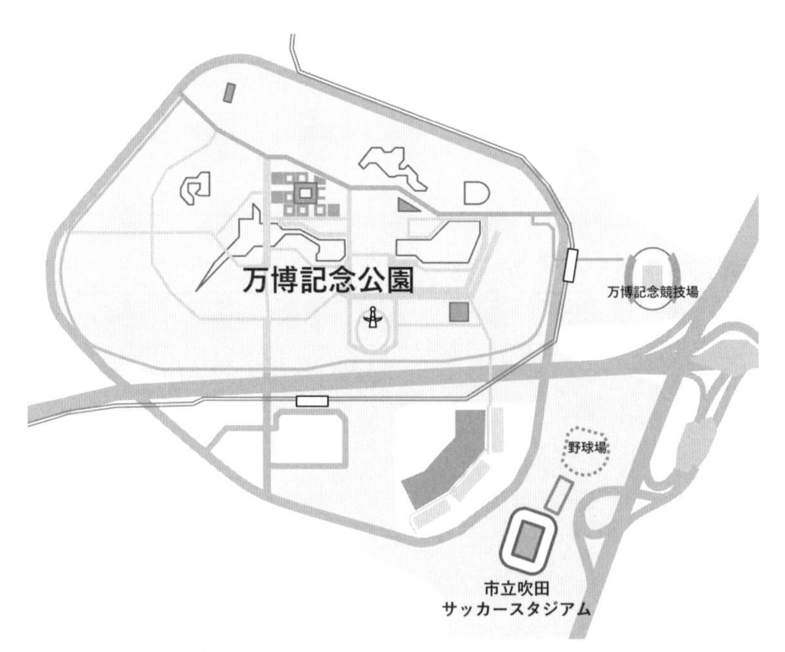

図表2･28　万博記念公園・市立吹田サッカースタジアムの配置図（出所：筆者作成）

Scheme　負担付き寄附と期間48年の指定管理者制度

市民からの募金を原資としたスタジアム整備

ガンバ大阪の前の本拠地である万博記念競技場は老朽化が懸念されていました。国際大会を開催するには収容能力が小さく、元々が陸上競技場でスタンドからピッチまでの距離があるのも課題でした。他方、J1クラスのサッカー専用スタジアムを新たに整備するにしても、ただでさえリーマンショックの余波が残る中、人口35万人の吹田市には身の丈を越える投資です。はじめから公的負担は困難でした。

そこで、市民から広く募金を集め、それを原資にスタジアムを整備することにしました。竣工したスタジアムは吹田市に寄附。スタジアム運営にかかる指定管理者にガンバ大阪を指定することが条件でした。期間は2015年（平成27）9月から2063年（令和45）3月まで47年6か月と指定管理者制度としては異例の長期間です。

運営にあたっては完全な独立採算が求められました。スタジアム運営にかかる経費は、指定管理者の収益、具体的には利用料金、広告料、売店・飲食事業者が支払うテナント料で賄われ、万一損失となった場合も指定管理者が甘受します。

協定書によるスキーム形成

民間事業者が公園上の公共施設を運営するスキームとして、これまでの事例では都市公園法の管理許可制度を適用していました。それに対して本件は指定管理者制度です（図表2・29）。もとより管理許可制度は使えません。万博記念公園は都市公園ではないからです。正式には日本万国博覧会記念公園といい、1970年（昭和45）の日本万国博覧会（大阪万博）の跡地を整備したもので、現在は、大阪府日本万国博覧会記念公園条例を基に

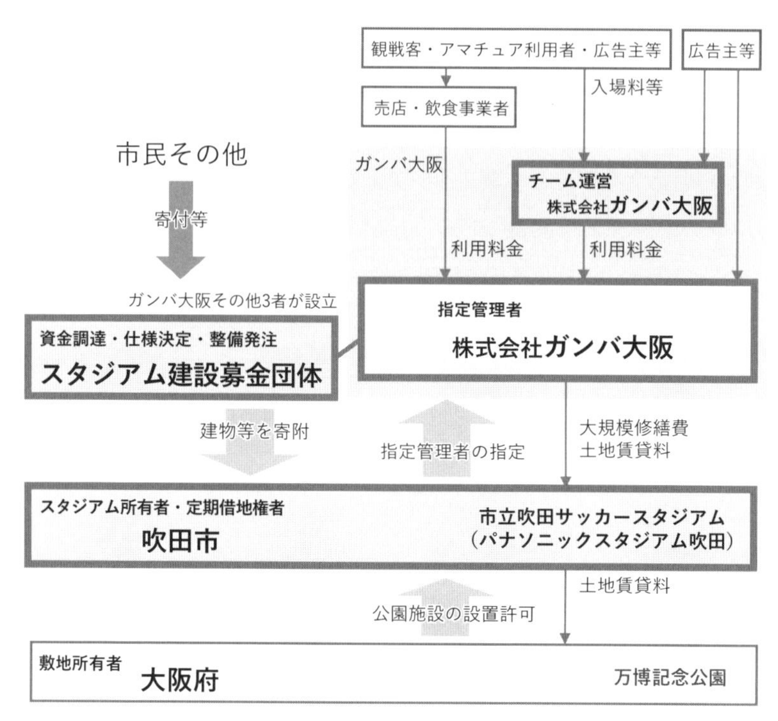

図表 2・29　万博記念公園・市立吹田サッカースタジアムをめぐるスキーム図
（出所：筆者作成）

大阪府が所管しています。

管理許可申請の代わりに市と取り決めた様々な協定がスキームを形づくっています。2010年（平成22）1月29日の「サッカー専用スタジアムの寄附採納について」は、ガンバ大阪の寄附の申出に対する吹田市の回答です。ここで寄附を受けるスタジアムの条件を設定しています。具体的には「座席数3万2千席以上、かつ2面以上の屋根付きで、4万席への増築可能な設計のスタジアム」でした。この条件を満たしさえすれば、民間企業は自由に仕様を決定することができます。これ以上ない「性能発注」といえます。

回答を受けて、ガンバ大阪を中心にスタジアム建設募金団体が設立されています。その後、この募金団体と市の間で締結されたのが、「スタジアムの建設及び管理運営に関する基本協定書」です。議会には「負担付きの寄附の受納について」を設置提出しました。ここには、募金団体が建設するスタジアムの寄附を受け、条例を制定の上、ガンバ大阪を指定管理者に指定することが明記されています。協定を受け、翌年4月に募金受付が始まりました。

平成22年1月29日

サッカー専用スタジアムの寄附採納について

本市は、完成した施設の寄附を受けます。ただし、座席数3万2千席以上、かつ2面以上の屋根付きで、4万席への増築可能な設計のスタジアムとします。

平成23年11月25日

スタジアムの建設及び管理運営に関する基本協定書

第2条　甲（市）は、乙（スタジアム建設募金団体）が建設するサッカースタジアムの寄附を受け、これを公の施設として活用する。

第3条　乙は、万博記念公園内において施設を建設するため、寄附金募集団体としてその建設資金を募集し、施設を建設・完成させた後、速やかにこれを甲に引き渡すものとする。

第10条　甲は、寄附を受けた施設の管理運営については、施設の設置条例の制定等に係る議決を経て、丙（株式会社ガンバ大阪）を指定管理者に指定し、これを行わせるものとする。

2　丙は、指定管理者に就任した後における施設に係る用地賃借料その他の維持管理に要する費用および大規模修繕費を負担するものとする。

平成23年12月6日

負担付きの寄附の受納について（議案）

本市が履行義務を負う条件

（1）上記サッカースタジアムの管理運営については、当該施設の設置条例の制定等に係る議決を経て、株式会社ガンバ大阪を指定管理者に指定し、これを行わせること。

（2）建設予定地については、本市が独立行政法人日本万国博覧会記念機構から借り受けること。

Review　公共調達でないスキームゆえのメリット

整備費の抑制

まずは整備段階です。整備費は約140億円でしたが、うち105億円はサポーターや地元企業等の寄付金が充てられました。市の負担は一切なく、この点で“3方よし”の公的負担の節約が実現しています。募金の受け皿はガンバ大阪が中心となった設立した任意団体、「スタジアム建設募金団体」でした。任意団体だったのは、寄付金を集めるにあたって個人の税額控除、法人の損金算入など税法上の措置を得るためでしたが、この団体が広義の民間団体であることが後述する多々のメリットに絡んでいます。

スタジアム建設募金団体は資金調達だけでなく、スタジアムの整備主体でもあります。整備主体が公共主体でなかったことが品質向上、納期短縮、そして整備費抑制に寄与しました。整備費についていえば4万席規模で140億円は相当安価です。

コスト削減の理由

理由のひとつは、**ガンバ大阪がスタジアムの仕様を決めたこと**です。不入りによる赤字転落リスクを負うので、民間事業者は設備投資をできるだけ抑えようとします。市の要求水準は相当な大枠で設定されており、デザインや施工方法は受注者に委ねられています。コスト抑制の面では、例えばスタジアムの来場者から見えない部分は配線等がむき出しになっています。スタジアムの電気製品はガンバ大阪の親会社であるパナソニック製です。伝統的な公共仕様によれば来場者に見えない部分においても配線等を隠すように設計するのがふつうです。公共発注ではよほどの理由がない限りメーカー指定は不可能です。

もうひとつの理由は、何かと制約がある**公共調達の枠組みを取らずにすんだこと**です。民間発注なので、分離・分割発注や一般競争入札を原則とする自治体の調達慣習に縛られることがありません。本件は、プロポーザルで選定した竹中工務店に設計・施工を一括発注しています。施工業者の得意な技術をあらかじめ設計図面に落とし込むことができるのが設計施工一括発注の特徴です。発注価格は交渉を重ねて決めました。公共発注でしたら原則として入札された価格のうち最も安いものに決まり、その後の価格交渉はありません。

仕様や施工方法に融通が利く民間発注の強みがスタジアムの施工でも発揮されました。例えば設計がだいぶ進んだところで鉄筋コンクリート造の構造形式を、設計期間は延びるものの現場での労務手間が少なくて済むプレキャストコンクリート方式に変更しました。コストは若干高くつくことになりますが、工期が延びるリスクを考えればこちらのほうが有利という判断があります。当時、東日本大震災の復興需要で人手が逼迫していました。この点についても、公共発注の常識に照らせば、設計期間も終盤になってからの設計期間の延伸やコスト増は手続き上かなり困難です。

集客リスク軽減に向けた施設仕様上の工夫

スタジアムは2015年（平成27）9月に竣工。募金団体は施設を吹田市に引き渡し、吹田市はガンバ大阪を指定管理者に指定しました（図表2・30）。図表2・29からわかるように吹田市はスタジアムの所有者です。敷地の万博記念公園に対しては定期借地権を有しています。

スタジアムの指定管理者がガンバ大阪です。法人としての株式会社ガンバ大阪はひとつですが、指定管理者としてのガンバ大阪とそれ以外、いわばクラブチームとしてのガンバ大阪がある点にご留意ください。1つの法人の内部で2つのガンバ大阪が区分経理されています。クラブチームのガンバ大阪が入場料を収受し、指定管理者としてのガンバ大阪に利用料金を支払います。指定管理者としてのガンバ大阪は売店・飲食事業者からも

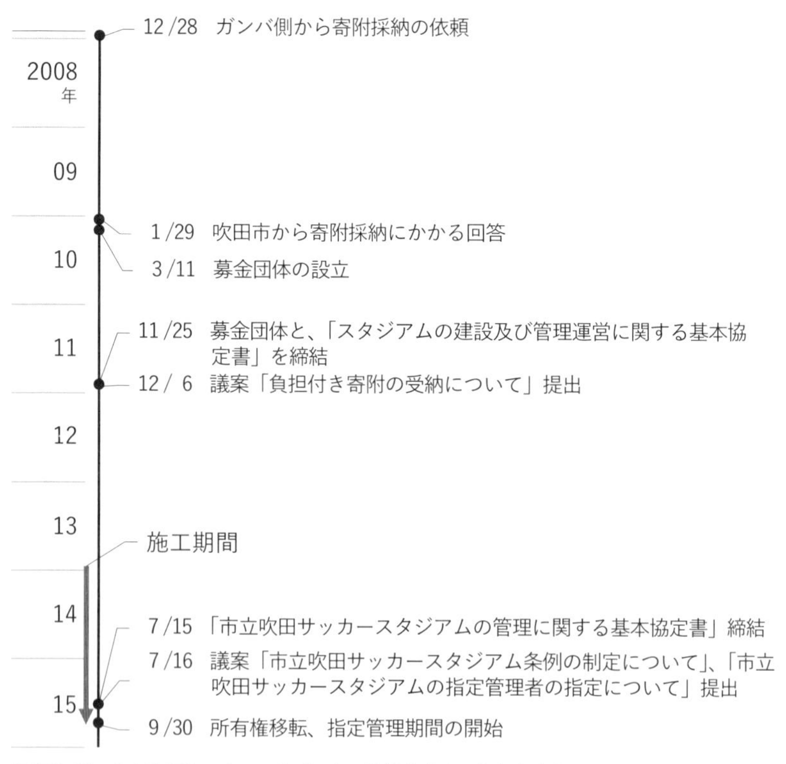

図表2・30　市立吹田サッカースタジアムの整備をめぐる主な出来事（出所：各種公表資料から筆者作成）

利用料金を得ます。広告営業もします。貸館、物販そして広告が収益の柱である点は通常のスタジアム経営と同じです。

指定管理者としてのガンバ大阪は利用料金を原資にスタジアム運営経費を支払います。運営経費だけでなく、吹田市が大阪府に支払う賃借料、スタジアムの大規模修繕費も負担することになっています。

集客の不入りリスクを負う民間事業者は赤字経営にならないよう、施設の構想段階に遡ってリスク軽減策を練ります。初期コストすなわち整備費をできるだけ抑制するとともに、**集客を見据えた仕様を考えます**。市立吹田サッカースタジアムでいえば、ロッカールームの仕様やスタンドの座席数、形状はホーム側とアウェイ側とで異なっています。プロチームの興行ビジネスを考えれば当然のことですが、公平を旨とする公共仕様は左右対称が通常です。

Insight　購入予約にも通じる性能発注

この事例では48年の指定管理者の期間が目立ちます。しかしそれを上回る本書の関心は、いわば「サッカーJ1公式戦の開催基準を満たしワールドカップ招致にも対応可能な屋根つきスタジアム」のレベルで大枠な性能発注と、民間発注ならではの施工プロセスの柔軟性です。

もっとも、よく見れば自治体は発注もしていません。約束の内容は、性能要件を満たしたスタジアムを公共施設として将来受け入れるというものです。すなわち、完成に至るプロセスにはもともと関知していません。購入予約にも通じた契約が民間の技術力を存分に発揮し納期、コストそして品質面のメリットをもたらしている点、興味深い事例です。

本事例はPFIによる手法とは異なりますが、PFI法の正式名称「民間資金等の活用による公共施設等の整備等の促進に関する法律」でいう民間資金を活用した公共施設の整備に他なりません。CHAPTER 4で解説します。

CASE 9 | 宮城野原公園・楽天生命パーク宮城

民間資金による老朽施設の再生とオープンイノベーション型公民連携

公 宮城県

民 楽天野球団

▶ 公園の概要

宮城野原公園

所在地	仙台市
事業主体	宮城県
公園種別	運動公園
面積	15.4 ha

▶ 施設の概要

野球場
——宮城球場（楽天生命パーク宮城）

施設種別	運動施設 41,818.18 m^2
整備費負担	宮城県・株式会社楽天野球団（修繕）
企画・計画	同上
施設所有	宮城県
営業	株式会社楽天野球団
適用制度	負担付き寄附＋管理許可
事業者選定手法	非公募
開業	2005 年（平成 17）

Overview　ボールパークの先駆

東北楽天ゴールデンイーグルスの本拠地の宮城球場（楽天生命パーク宮城）は宮城野原公園の公園施設です（図表2・31）。翌々年に控えた宮城国体に向け整備された野球場で1950年（昭和25）の竣工。楽天イーグルスの進出が決まった2004年（平成16）時点で既に54年を経過しており老朽化が目立っていました。

財政難の折り、大規模修繕ましてや更新財源の捻出は簡単ではありません。そのような中、楽天イーグルスのプロ野球参入を機に民間資金70億円を活用し改修を果たしました。野球だけでなくスタジアムそのものを楽しむ「ボールパーク」に生まれ変わった宮城球場はその後現在に至るまで進化を続けています。それまでプロ・アマ合わせて3万人程だった利用

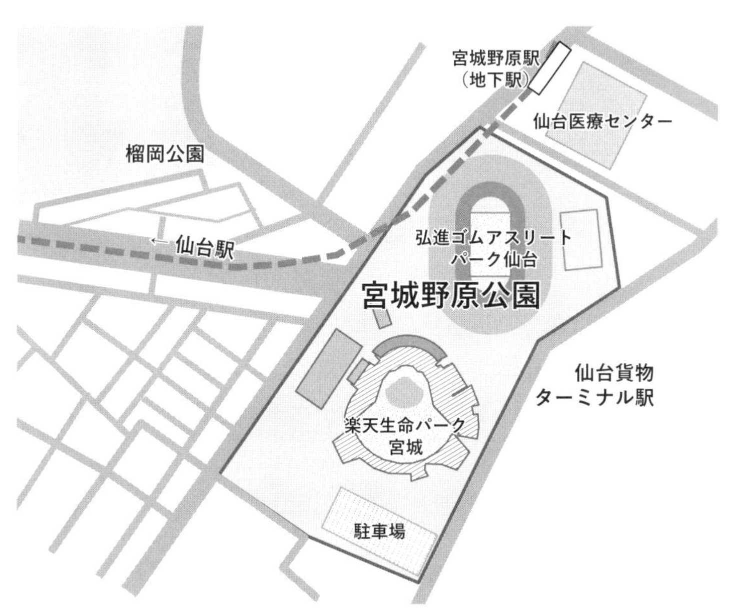

図表2・31　宮城野原公園・楽天生命パーク宮城の配置図（出所：筆者作成）

者数・観客数は、プロ初シーズンの2005年度（平成17）に観客数だけで94万人。2019年度（令和元）には173万人と1.8倍になりました。

横浜スタジアム事例でも紹介した球団によるスタジアム経営の先駆けでもあります。一連の再生劇の背景には、施設を所有する宮城県が球団に与えた「運営権」の仕組みがあります。

Scheme　負担つき寄附と管理許可制度の組み合わせ

改修で生まれ変わったスタジアム

築50年、手書きのスコアボードなど老朽化が目立っていた宮城球場は、2005年度の初シーズンを挟む前後2期に分けて改修工事が施されました。これには大規模修繕も含まれています。

この結果、エンタテインメント性を前面に、プロ野球興業に適ったスタジアムに生まれ変わりました。バックネット裏の既存躯体の外側に5階建てのメインスタンド棟を増築。2階にフードコートを備えたコンコース、3階以上には放送席、VIPシート、個室や会員限定のラウンジができました。座席を交換し、球場両翼に張り出すように外野席、ファウルゾーンに迫り出すかたちで内野席を増設しました。ペアシート、ボックスシートなど品揃えと価格帯を拡充しました。スコアボードはLED表示になりました。スタジアム全体が、楽天カラーのクリムゾンレッドを基調とした色彩に統一されました。

球場の外にはバッティングセンターその他のアトラクションや屋外店舗、キッチンカーやグッズショップが並んでいます。前庭には仮設のテーブルと席があり、屋台が周りを囲んでいます。大型画面で試合を見ながらビアガーデンのように飲食を楽しむことができます。

宮城球場フランチャイズ基本協定書

県が保有する公共施設にもかかわらず、なぜ民間事業者が集客目的で自由にスタジアムを改造することができたのか。その理由としては、スタジアムを所有する宮城県が大規模改修を含む広範な運営権を与えたことが大きいです。土台となっている制度は、地方自治法の負担付き寄附と都市公園法の設置・管理許可制度です（図表2･32)。本ケースの場合、これら制度の運用の土台に「宮城球場フランチャイズ基本協定書」で示された基本合意がありました。

宮城県と株式会社楽天野球団は2004年（平成16）11月にフランチャイズ基本協定を締結しました。ここに本ケースの基本的な枠組みが表現されています。

まず、球団会社はプロ野球仕様のスタジアムにするのに必要な改修工事を行えます（第3条第2項)。改修には増設も含まれます。ただし工事費

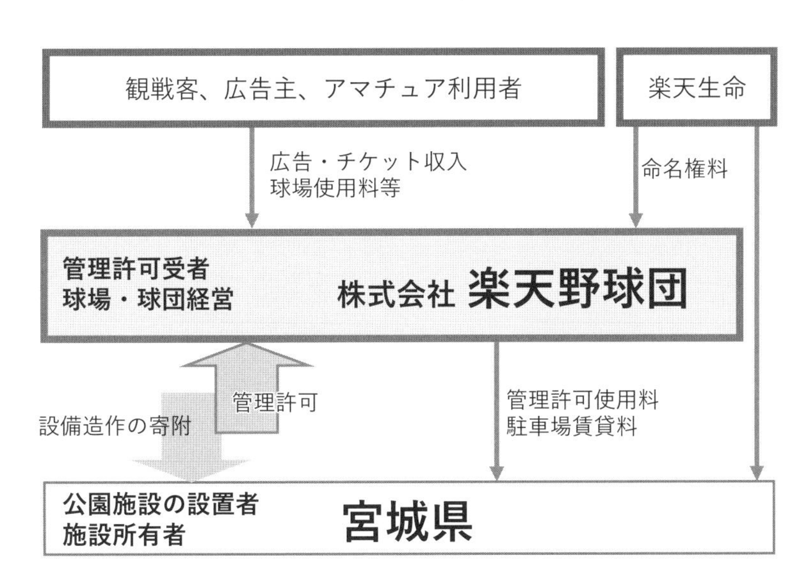

図表2･32　宮城野原公園・楽天生命パーク宮城をめぐるスキーム図（出所：筆者作成）

は球団会社の自己負担です（第３条第１項）。条件付きではありますが、工事の成果はすべて宮城県に寄附されます（第４条）。寄附の条件は第６条に記載されています。具体的にはプロ野球等の興行、物品販売、音声または映像の放送、広告表示などが列挙されています（第６条）。第５条で期間は10年と定められていますが、後に15年に延長されました。

平成16年11月3日　**宮城球場フランチャイズ基本協定書**

（改修）

第3条　乙（*株式会社楽天野球団*）は、宮城球場を前条の本拠地とするに当たり必要となる改修工事を、自己の負担において行うものとする。

2　甲（*宮城県*）は、甲乙協議の上、必要と認める範囲で乙が宮城球場を増設することを、法令（条例を含む。以下同じ）の規定に従い認めるものとする。

（寄附）

第4条　乙は、前条の工事により宮城球場と一体となる建築物及び付属物を、次条及び第6条に定めるところにより宮城球場を管理及び使用等ができることを条件に、甲に寄附するものとする。

（管理）

第5条　甲は、乙が、前条の寄附の受納の日の翌日から10年間、宮城球場を管理することを、法令の規定に従い認めるものとする。（略）

2　前項の管理に要する経費は、乙が負担するものとする。

（使用等）

第6条　甲は、乙が、前条第1項に定める期間、次に掲げる目的で宮城球場を使用すること及びそれに伴う収入のすべてを乙のものとすることを、法令の規定に従い認めるものとする。

イ　プロ野球等の興行を行い、又は行わせること。

ロ　物品の販売その他これに類する行為を行い、又は行わせること。

ハ　音声又は映像による放送等を行い、又は行わせること。

ニ　広告を表示し、又は表示させること。

ホ　スポーツの普及啓発等を行い、又は行わせること。

（アマチュアスポーツの利用の確保等）

第7条　乙は、第5条第1項の管理に当たっては、別に定める日数をアマチュアスポーツの利用に供するために確保しなければならない。

2　前項の利用に係る料金の額は、県立都市公園条例（昭和34年宮城県条例第21号）で定める使用料の額を基本とし、甲乙協議して別に定めるものとする。

3　前項の料金は、乙の収入とする。

注：文中の斜体は筆者による

都市公園法では設置・管理許可の期限は10年以内で、Park-PFIの特例を適用して20年以内になります。本ケースの場合は、宮城球場フランチャイズ基本協定を踏まえ、事業期間にわたって1年の管理許可を毎年更新する仕組みで実質的に15年の事業期間を確保しています。

老朽施設の公的負担なしの修繕

本事例の3方よしを検討してみます。第1の公的負担の節約の観点を考えると、やはり目を見張るのは築50年を超えるほど老朽化した県営球場を公的負担なしで再生したことです。

約70億円を投じた大規模改修以降も億単位の改修工事が毎年度施されています。それまでの大規模改修は1984年度～1986年度（昭和59～61）に約11億円かけたのが最後で、以降2003年度（平成15）までの改修費は年にならすと1,000万円弱でした。

自治体がスポーツ施設の経常経費に対して補てんする繰出金も削減できました。地方財政状況調査表によれば、楽天イーグルスが進出する前の期、2004年度（平成16）において、宮城球場を含む野球場にかかる経常経費は約9,836万円。対して使用料収入は1,665万円でした。差額の8,171万円は宮城県が補てんする必要のある額です。翌年、2005年度（平成17）の野球場にかかる経常経費は約460万円と激減しました。大部分が球場を管理する楽天野球団の経常経費となったからです。

そのうえ、宮城県は楽天野球団から管理許可使用料として約6,700万円、駐車場の使用料2,700万円を毎年得ています。命名権収入2億100万円の4分の1の配分もあります。支出を減らすばかりか収入も増えました。

地域活性化効果

民間事業者の経営も善戦しています。決算公告でわかる範囲で楽天野球団の決算をみると、球場に対する設備投資が大きく償却負担が重いことから赤字の期も少なくありませんでした。他方、直近は2期連続で黒字と

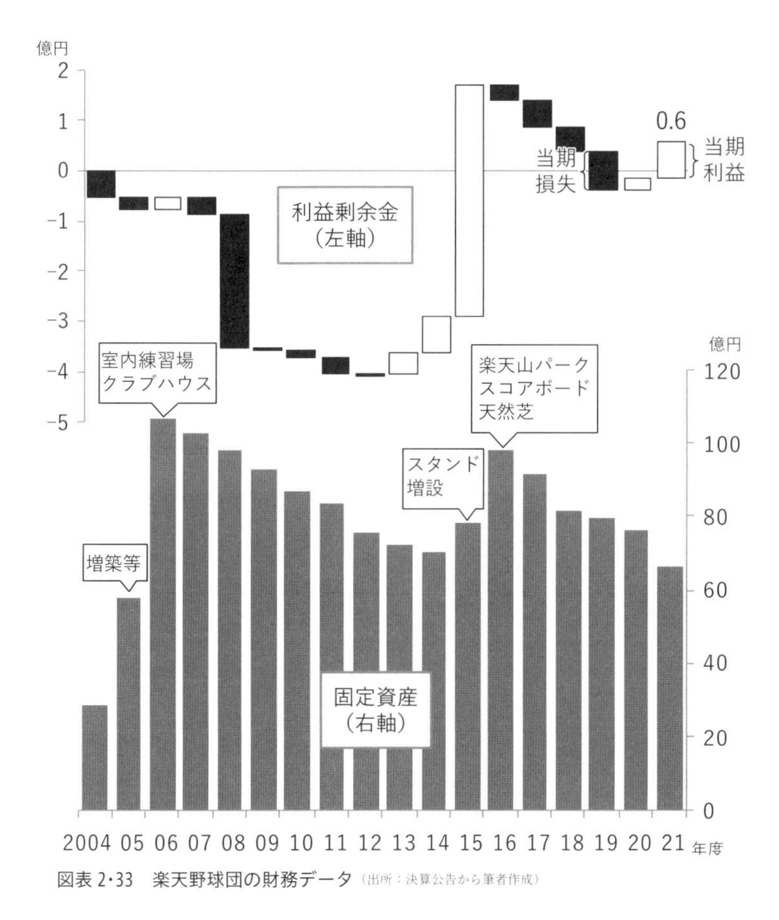

図表 2･33　楽天野球団の財務データ（出所：決算公告から筆者作成）

なっており、2021年度（令和3）において累積ベースでも黒字転換しました（図表2･33）。

地域活性化にも貢献しています。新型コロナウィルス感染症が流行する前、2019年度（令和元）の来場者数は約173万人で過去最高を更新しました。2005年度（平成17）と比べ2倍弱に増えました（図表2･34）。

同じように最寄り駅の乗車人員も増えています。また、入場料以外に宿泊、飲食サービス、グッズ販売など関連消費は複数分野にわたり、二次的に波及する効果を合わせた経済効果が増加傾向をたどっています。宮城県

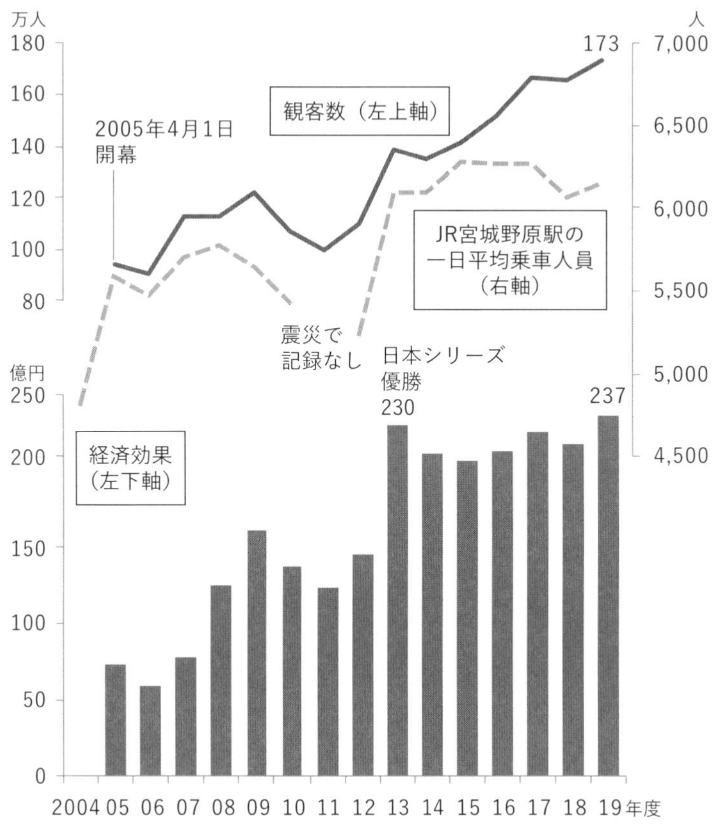

図表 2･34　施設整備による地域経済への波及効果（出所：宮城県、JR東日本資料から筆者作成）

の推計によれば2019年（令和元）は約237億円でした。日本シリーズが開催され、これまでの最高を記録した2013年度の230億円を超えました。

球場とその外周の公園を含むエリアそのものを楽しむ「ボールパーク」構想の下、周辺一帯のテーマパーク化が進んでいます。2015年（平成27）には30億円をかけた大規模改修を実施しました。人工芝を天然芝に張り替え、スコアボードを全画面LED化しました。レフト側外野席の裏手に工事残土で「楽天山」を造成し、外野席の傾斜と自然につなげて芝生

図表 2·35　球場内を臨めるスマイルグリコパークの観覧車（出所：筆者撮影）

席としました。観覧車、メリーゴーラウンド、バーベキューエリアなどができ、「スマイルグリコパーク」と名づけられました（図 2·35）。

ロッテオリオンズの撤退以来、28 年ぶりにやってきたプロ野球の球団を地域住民は歓迎しています。スタジアムで野球を観戦するだけでなく、テーマパークのようなスタジアムそのものを楽しめます。地域住民の支持は来場者数に現れていると言えます。

Insight　オープンイノベーション型公民連携の予感

本書ではスタジアムの新設ではなく修繕である点に着眼しています。わが国で喫緊の課題となっている**老朽インフラ問題の解決のヒント**としての関心です。

修繕という選択は、採算面で不確実性がある分野へ民間が進出するにあたっての意味もあります。仙台は昼間人口で約 115 万人と、プロ野球の球団本拠地として充分な規模とは言えません。そうした中、スタジアムを新設するのではなく既存のスタジアムを修繕して本拠地にする手法は初期投資を抑え経営を安定化する上で理に適った選択だと思われます。

もうひとつ、本ケースが**公共施設のイノベーションをいくつも生み出していること**にも注目されます。周知のこととしては、本ケースがスタジアムのユーザーたる球団がスタジアムを経営したさきがけだということです。ボールパークに象徴されるエンタテインメント化の始まりでもありました。宮城球場の成功をきっかけに、球団が公共スタジアムを経営する方法が広島市民球場、千葉マリンスタジアム、そして前述の横浜スタジアムと続きます。

2019年にはスタジアム内が完全キャッシュレスとなりました。チケット購入はじめ、店舗や飲食店での支払いにおいて現金は使えず、すべて電子マネー等で決済することになってます。先進技術を果敢に取り込むことができるのも公民連携の特徴です。財政危機を背景としたコスト削減を目的とした公民連携が目につきますが、安定感の一方で腰が重い公共施設にイノベーションを持ち込むための公民連携もあります。今後は新技術の取り込みを目的とした「オープンイノベーション型公民連携」も拡大してゆくことでしょう。

CASE 10

井の頭恩賜公園・三鷹の森ジブリ美術館

指定管理者指定を条件とする負担付き寄附による美術館運営

公 東京都・三鷹市

民 スタジオジブリ・徳間記念アニメーション文化財団

公園の概要

井の頭恩賜公園

所在地	武蔵野市・三鷹市
事業主体	東京都
公園種別	動植物公園
面積	4 ha

施設の概要

美術館
——三鷹市立アニメーション美術館（三鷹の森ジブリ美術館）

施設種別	教養施設 3,606.62m^2
整備費負担	株式会社ジブリ美術館
企画・計画	同上
施設所有	三鷹市
営業	公益財団法人徳間記念アニメーション文化財団
適用制度	負担付き寄附＋指定管理者制度
事業者選定手法	非公募
開業	2001 年（平成 13）

Overview　堅調な集客が期待できる美術館

都立井の頭恩賜公園にある三鷹市立アニメーション美術館、通称「三鷹の森ジブリ美術館」も公的負担なく整備した公共施設のひとつです（図表 2·36）。2001 年（平成 13）10 月の開館から客足は衰えず、新型コロナウィルス感染症の流行で休館を余儀なくされる直前の 2020 年（令和 2）1 月においても 1 日当りの平均入館者数は 2,251 人と堅調に推移していました。1 日の上限が 2,400 人ですので稼働率は約 94% となります。

図表 2·36　井の頭恩賜公園・三鷹の森ジブリ美術館の配置図（出所：筆者作成）

公民の役割分担と美術館の設立経緯

まずは東京都、三鷹市そして民間事業者の役割分担をみます（図表 2・37）。都市公園の設置者は東京都で、公園施設の設置者が三鷹市です。敷地と建物の所有者が異なるので、東京都が三鷹市に公園施設の設置許可を付与しています。言うまでもなくここで公園施設とは三鷹の森ジブリ美術館、正式には三鷹市立アニメーション美術館のことです。三鷹市は、美術館の管理を公益財団法人徳間記念アニメーション文化財団に委ね、株式会

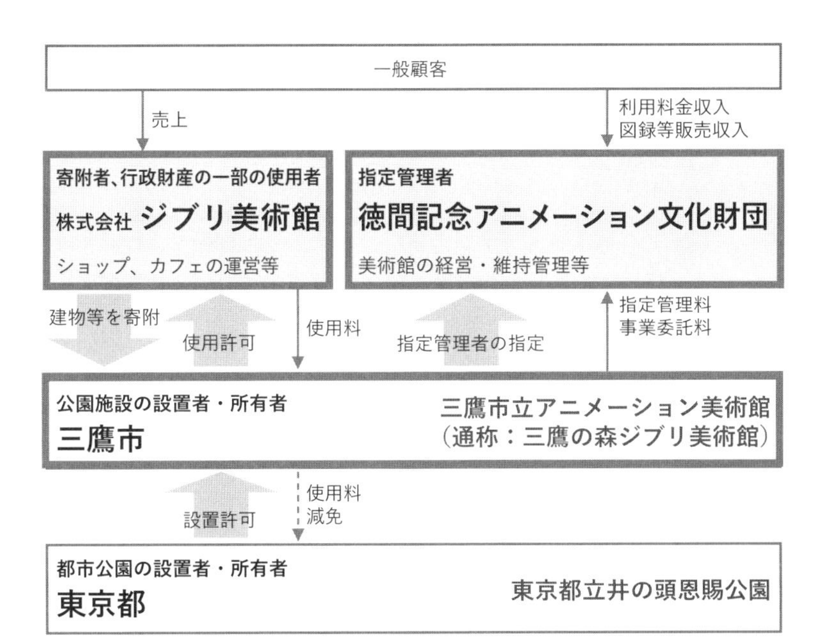

図表 2・37　井の頭恩賜公園・三鷹の森ジブリ美術館をめぐるスキーム図
（出所：筆者作成。株式会社ジブリ美術館に至る経緯は次の通り。株式会社ムゼオ・ダルテ・ジブリ（当初）→株式会社マンマユート団（2001/10 商号変更）→株式会社スタジオジブリ→（2008/4 直営化）→株式会社ジブリ美術館（2010/10 設立）なお徳間記念アニメーション文化財団は 2010 年度まで財団法人）

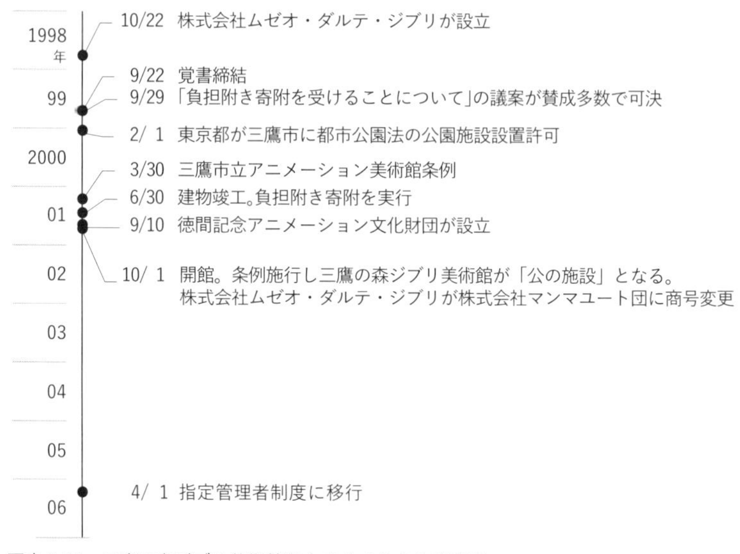

図表2･38 三鷹の森ジブリ美術館設立をめぐる主な出来事
（出所：各種公表資料から筆者作成）

社スタジオジブリに美術館内のショップ・カフェ経営の許可をしています。

次に、美術館の設立経緯についてみてみましょう（図表2･38）。そもそも、スタジオジブリを中心としたアニメーション作品の展示をする美術館の誘致活動がはじまったのは今から20年前の1998年（平成10）。株式会社徳間書店（スタジオジブリ事業本部）も独自に美術館立ち上げの構想を持っていました。両者の思いが一致し、その年の12月、徳間書店、株式会社ムゼオ・ダルテ・ジブリ、三鷹市の3者で美術館の建設についての確認書が交わされています。ムゼオ・ダルテ・ジブリ（イタリア語で「ジブリ美術館」）は美術館の整備と運営を目的に、徳間書店と日本テレビ放送網株式会社の共同出資で設立された事業会社です。

覚書の締結

翌年の1999年（平成11）、3者間で覚書が締結されました。本ケースは負担付き寄附と指定管理者制度が適用されていますが、その運用の大枠は覚書を通じて表現されています。まず、ムデオ・ダルテ・ジブリが美術館を建設し、完成後に三鷹市に寄附することが定められています（第2条第2項）。寄附の条件として、三鷹市と民間事業者によって設立された財団を美術館の管理運営法人に指定することでした（第7条）。覚書の翌週に上程された議案「負担附きの寄附を受けることについて」には、来館者に対するサービス提供を目的に美術館施設の一部を寄附者が使用するにあたって、行政財産の使用許可を与えることの記載があります（4　寄附の条件（4））。

美術館の開館

負担附き寄附にかかる議会の議決を経て、ムゼオ・ダルテ・ジブリは建設費25億円、その他準備経費19億円を投じて美術館を整備しました。2001年（平成13）6月に竣工、同日付けで建物が三鷹市に寄附されました。そして10月の開館をもって「三鷹市立アニメーション美術館条例」による公の施設となりました。その前月には覚書の第6条に従って、美術館を経営する「徳間記念アニメーション文化財団」が設立されています。徳間書店、日本テレビ放送網に三鷹市が加わって出捐された団体です。

平成11年9月22日　**覚書**

（美術館の建設等）

第2条　甲（*三鷹市*）は、美術館の設置場所として、都立井の頭恩賜公園内の4000m²の土地（所在地は別図の通り。以下「予定地」という。）について、都市公園法第5条に規定する公園施設の設置許可を東京都（以下「都」という。）から得るものとする。

2　乙（*株式会社徳間書店*、株式会社ムゼオ・ダルテ・ジブリ）は、甲に対して負担附き寄附の申し込みを行い、三鷹市議会（以下「市議会」という。）による寄附受け入れの議決を受けて、予定地に美術館を建設する。

3　甲は、寄附を受けた美術館を市議会の議決を経て、地方自治法（以下「法」という。）第244条及び第244条の2に規定する市の公の施設として条例（以下「条例」という。）により設置する。

（財団の設立）

第6条　甲及び乙は、都の許可を受け協同して財団法人（以下「財団」という。）を設立する。

2　財団の基本財産は5億円とし、甲は予算の定めるところによりその一部を出捐する。

（美術館の管理運営等）

第7条　甲は、前条第1項の財団を美術館の管理運営法人として条例で指定する。

（利用料金制）

第10条　甲は、美術館の管理運営について、市議会の議決を経て、法第244条の2第4項に規定する利用料金制度を導入する。

（美術館に関する経費等）

第11条　美術館の開館後、修繕又は補修の必要が生じた場合は、甲、乙及び財団が協議し、修繕又は補修の時期並びにその内容及び経費等を定める。

2　前項の修繕又は補修の必要性の判断に際しては、美術館が乙による芸術的作品であることを十分考慮する。

3　第1項の協議に基づいて、甲が負担する経費については、予算の範囲内で甲が負担する。

（建物設備の維持管理費）

第12条　甲は、予算の定めるところにより、財団に対し、美術館の建物設備の維持管理に要する費用の一部を委託料等として支払う。

注：斜体は筆者によるもの

平成11年9月29日　**議案・負担附きの寄附を受けることについて**

4　寄附の条件

（1）　市は、覚書を遵守すること。

（2）　市は、美術館施設を第三者（国及び地方公共団体を含む。）に譲渡しないこと。

（3）　市は、本件美術館を管理運営する財団（財団が設立される前は、寄附者）に対して、本件美術館の開設準備及びその管理運営のため、美術館施設を無償で使用することを認めること。また、本件美術館設置のための条例の施行前においても、同様とすること。

（4）　市は、寄附者が本件美術館の利用者に対するサービスの提供を目的として、美術館施設の一部を使用することに対して、行政財産の使用許可を与えること。

（5）　市が前各号に違反した場合は、寄附者は、寄附に係る契約を解除することができること。この場合において、寄附者から請求があったときは、市は、美術館施設の返還に代えて金銭補償を行うこと。

当時は今の指定管理者制度がなく、純然たる民間企業は公の施設の管理を受託できませんでした。そのため、徳間書店と日本テレビ放送網はムゼオ・ダルテ・ジブリとは別に三鷹市を加えた財団法人を設立した次第です。その後、2005年（平成17）に指定管理者制度の発足とともに条例が改正されています。また、公益法人制度の変更によって、徳間記念アニメーション文化財団は2011年（平成23）に財団法人から「公益財団法人」へ移行しています。

覚書の第10条の通り利用料金制を導入しており、入館料は財団法人の収入となります。財団法人が独自に企画した展示やイベントによって集客し、入場料や図録等の販売収入で一切の経費を賄う独立採算が特徴です。

館内のショップやカフェは、開館日にムゼオ・ダルテ・ジブリから商号変更した株式会社マンマユート団が、寄附条件に基づき三鷹市から行政財産の使用許可を得て営業しています。ショップについては使用料を三鷹市に納めていますが、カフェは公の施設の利用者の便宜を図る施設として使用料を免除されています。ちなみに2008年度（平成20）からはマンマユート団から事業譲渡を受けた株式会社スタジオジブリの営業となっています。

Review　ジブリの世界観を大胆に発揮させる仕組み

3方よしの観点で本ケースを検証してみましょう。はじめに地域住民の視点、エリアの魅力の向上については多くを語らずともよいでしょう。観光客の集客はもちろん、地元のシビックプライドの醸成にも貢献しています。

第1の視点、地方自治体の公的負担の削減ですが、本ケースは民間資金で公園施設が整備され、維持管理および運営されています。公的負担は原則ありません。原則というのは、Insightで述べますが、公益性のコストとして維持管理にかかる負担があるからです。

次は民間ビジネスの視点です。

端的にいえば本ケースは、整備にあたって民間が資金拠出する代わりに、仕様の自由を含めた公共施設の経営権を得たものです。完成後、集客不振による事業リスクを負う代わりに展示やイベントなど集客の工夫を伴った運営権を持っています。自由度の高さはジブリの世界観を大胆に反映した施設デザインにうかがえます。このような自由な経営の仕組みを負担付き寄附と指定管理者制度の組み合わせで構築した点で市立吹田サッカースタジアムに通じます。

事業リスクを負う側の民間ですが、それでも制度上のリスクを抑える工夫がみられます。例えば、2006年度（平成18）に指定管理者制度に移行しましたが、当初の寄附条件および覚書によって、それまで受託していた財団法人が公募によらず指定管理者の指定を受けることができました。その10年後、2016年度（平成28）に再指定を受けたときも非公募でした。

マンマユート団（現在は株式会社スタジオジブリ）に付与される行政財産の一部使用許可も毎年度更改されています。仮に指定管理者の指定や行政財産の一部使用許可が継続されない事態となった場合、寄附条件によって三鷹市は金銭的補償をしなければなりません（寄附条件（5））。本ケースにおいて契約期間は定められていませんが、施設の耐用期間にわたって公共施設運営権を得るのと同じ結果となっています。

Insight　独立採算と公益性を両立する仕組み

美術館は基本的に民間事業者の独立採算で運営されていますが、市が設置した公共施設ですので純粋な営利事業とは異なります。まずは条例で美術館の設置目的が定められています。「優れたアニメーション作品の展示及び検証並びに次代を担う子ども達へのアニメーション作品を通じたメッセージの発信を行うことにより、心豊かな地域社会の形成に寄与する」（第1条）です。

目に見えるところでは、料金を低く抑え、来館者に余裕をもって見学してもらうため予約制とし1日の入場者数に事実上の制限を課しています。入場料は条例で1,500円の上限が定められていますが、実際の料金は大人1,000円です。開館以来コンスタントに9割以上の稼働を保つ美術館です。入館制限をやめ、チケット代を値上げすれば料金収入で整備費を含むすべての経費を賄い、その上で相当の黒字を計上できたでしょう。

美術館の整備費に公的負担はなく、その後の運営も料金収入を原資とする独立採算が原則ではありますが、公民連携の一環として三鷹市も応分の負担をしています。まず、利用料金制でありながら三鷹市は指定管理料を民間事業者に支払っています。収支計画上の維持管理費の半分を目安に決められ、当初は毎年度4,000万円でしたが、消費税率の改定や維持管理費の増加を背景に2015年度（平成27）から5,000万円になりました[*4]。元々、美術館の建物設備の維持管理に要する費用の一部を委託料等として支払うことは覚書の段階で合意されていました（第12条）。実質的な補てんではありますが、放漫経営の末の事後補てんとは全く性質が異なります。公益性のコストとして妥当な水準です。

CASE 11 豊砂公園

ショッピングモールの延長としての都市公園

公 千葉市

民 イオンモール

▶公園の概要

豊砂公園

所在地	千葉市
事業主体	千葉市
公園種別	広場公園
面積	2.1 ha

▶施設の概要

芝生広場（イベント広場）等

施設種別	園路・広場 修景、休養、遊戯、便益、管理施設
管理運営	イオンモール株式会社
適用制度	管理許可
事業者選定手法	公募
開業	2013 年（平成 25）

Overview　ショッピングモールと公園の組み合わせ

イオンモール株式会社は千葉市と「パークマネジメント協定」を締結し、市から公園の管理許可を得たうえで、イオンモール幕張新都心に隣接する豊砂公園を運営しています。ショッピングモールの視点に立てば公園は集客装置となります。昭和の百貨店の屋上遊園地、上層階の劇場・展覧会、郊外大型店のシネマコンプレックスと同じ機能を公園が担っています。

周辺図からわかるように、豊砂公園はイオンモール幕張新都心に囲まれた場所にあります（図表2･39）。イオンモールからみれば豊砂公園は庭のような位置関係です。収益施設の立場からみれば、豊砂公園は催事の一環としてのイベント広場、休憩コーナーのひとつと位置づけられます。実際、モールを出ると目の前に「グランドスクエア」という屋根付きのステージがあります。道路をはさんでその外側に豊砂公園があるような配置です。

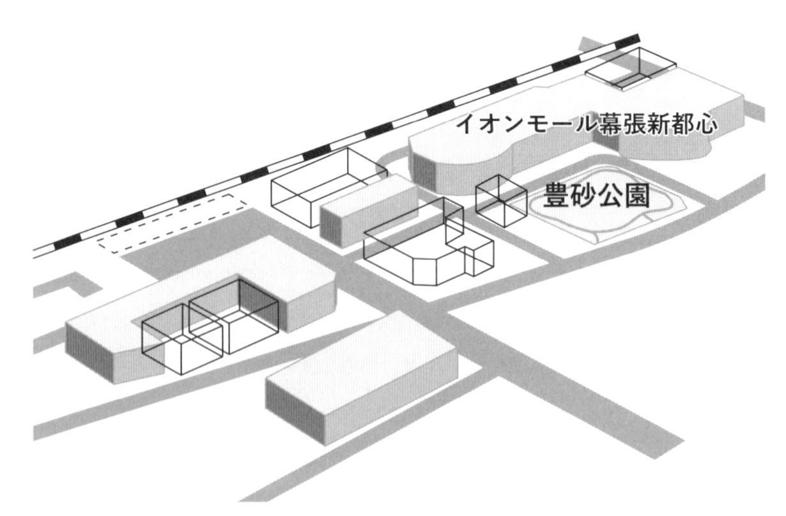

図表2･39　豊砂公園の周辺図（出所：筆者作成）

本件は、戦略的目的をもったショッピングモールが隣接する都市公園の管理を引き受け、費用負担する代わりに公共施設と一体運営するタイプのパークマネジメントです。

Scheme　管理許可に基づく公園施設運営

公園施設の所有者は千葉市です（図表2･40）。ただし公園施設とはいえこれまでの事例に出てきたようなハコモノではありません。園路及び広場が本件の主な公園施設となります。公募要項にはイベント広場（芝生）、遊具広場（芝生、遊具6種）、トイレ、水飲み、照明灯とあります。公園施設に分類すると芝生は修景施設、遊具は遊戯施設、トイレは便益施設、照明灯は管理施設となります。このうち管理許可使用料が課せられるのは「有料による行催事が可能な区域」にかかる部分です。

民間事業者は公園を管理する義務があります。具体的には、施設点検、

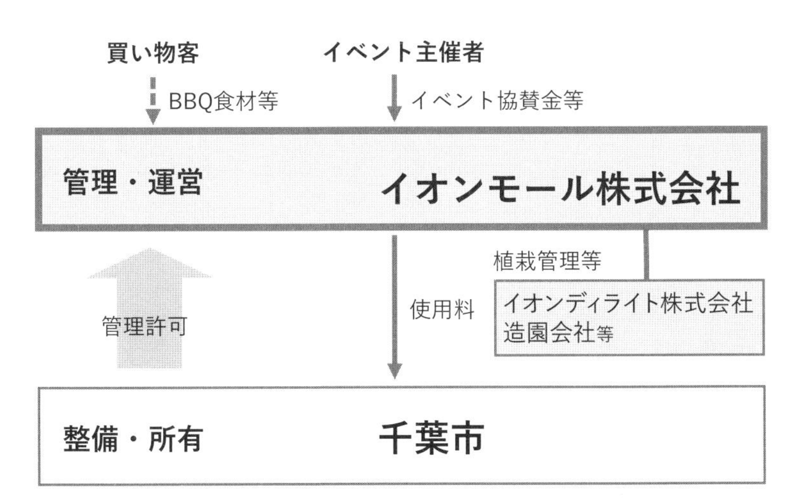

図表2･40　豊砂公園をめぐるスキーム図（出所：筆者作成）

園地清掃、トイレ清掃、芝刈り、草刈り、植栽の剪定、消耗品の交換などです。民間事業者が管理するとはいえ公共施設なので常時開設、無料使用が原則です。

Review　ショッピングモールのビジネス機会の拡大

３方よしに着眼して本ケースを検証します。第１の視点、地方自治体の公的負担が節約できることは明らかです。公園の維持管理業務を費用とセットで民間事業者に付け替えることができます。その上、管理許可使用料を収受することができます。

第２の視点、民間事業者のビジネスとしての側面はどうでしょう。このケースで民間事業者が得らえるのは、公園で有料イベントを開催できることです。また、民間事業者は市から設置許可を得て自己負担で収益施設を設置することができます。都市公園法の公園施設に合致すること、契約期間終了後の原状回復が条件にはなりますが、募集要項には公募公園利用者向け売店や飲食店、自動販売機が例示されています。

民間事業者がショッピングモールということによる相乗効果もあります。例えばコンロ、グリル、肉、野菜など必要なものを一切持たずに手ぶらで参加できるバーベキュープランがあります。材料はショッピングモールで調達するようにすればショッピングモールの売上に貢献します。追加の飲み物、食べ物をショッピングモールで購入して持ち込むことも考えられます。

ショッピングモールにとって公園は集客装置、それ以前に付加価値を高めるのに有効といえます。公園目当てに来た家族連れが帰りにショッピングモールに立ち寄って買い物をして帰るパターンが思い浮かびます。子どもを遊ばせておいて、その間にショッピングモールでゆっくり買い物をするパターンもあります。その昔、都心の百貨店の屋上には遊園地がありました。今は屋上緑化され公園空間になっています。買い物途中の憩いの場として公園が活用されています。

公園をショッピングモールの一部として運営するにあたって、広大な敷地を開発する、あるいは隣地を買収するケースもありますが、本ケースのように既存の都市公園と連携するのもひとつの方法です。

Insight　ショッピングモールの店舗戦略と都市公園

豊砂公園パークマネジメントはイオンモール幕張新都心が豊砂公園をショッピングモールの前庭に見立てた好事例と解釈できます。

都市公園に限らず、ショッピングモールと公園の組み合わせ事例は他にもあります。千葉県柏市に2016年（平成28）にオープンしたセブンパークアリオ柏は、セブン&アイホールディングスが運営し、イトーヨーカ堂が核テナントのショッピングモールです。店名の通り、「緑あふれる環境をふんだんに活かした公園と商業が一体になる施設」がコンセプトです。敷地内の「スマイル・パーク」は大型公園で植栽豊かな散策路がある他、野外コンサートやバーベキュー会場もあります。

東京都町田市のグランベリーパークも公園を前面に出したショッピングモールです。商業施設グランベリーパークと鶴舞公園が一体的に開発され、南町田グランベリーパークという再開発エリアを形成しています。2019年（令和元）にまちびらきを迎えました。

三井不動産は、公園と商業施設一体型の新商業施設ブランド「RAYARD(レイヤード)」を立ち上げました。本書でも既に話題にしましたが渋谷区宮下公園の「RAYARD MIYASHITA PARK」（レイヤード ミヤシタパーク)、名古屋市久屋大通公園の「RAYARD Hisaya-odori Park」（レイヤード ヒサヤオオドオリパーク）があります。

One Point　エリアの価値が上がればエリアの地価も上がるのか？ ～都市公園とホテルの関係～

なかなか難しい質問です。都心の公園はときにオアシスに喩えられます。ビル街に現れる森と緑の空間はいかにも貴重で周辺の“地ぐらい”を上げるには違いありません。しかしエリアの価値を「地価」と考えると、理屈はともかく、駅や大型店など人を集める施設と公園が互いにどれほどの貢献度をもって地価を上げているのか、実際に評価するのは簡単ではありません。

住民満足のような主観的な価値の総和の意味でなく、地価のような意味でエリアの価値といった場合、それは業種によって異なってくると筆者は回答しています。

公園の立地によって、価格で表すことができるという意味でのエリアの価値が上がる業種といえばホテルがその典型でしょう。

本ケースはショッピングモールと公園の組み合わせでしたが、ホテルと公園の組み合わせもしばしば見られます。例えば、東京都赤坂にある複合エリア、東京ミッドタウンの芝生広場は港区立檜町公園と連続しており一体感を示しています。東京ミッドタウンを囲む緑地の一角が都市公園になっているともいえます[*5]。ホテルオークラは霊南坂公園に建っています。霊南坂公園は都市計画公園ですが全域が都市公園としては未開設です。芝公園には東京プリンスホテル、後楽園公園には東京ドームホテルが立地しています。どちらも都市計画公園ですが、それぞれ都市公園の未開設区域に建てられています。東京都の都市計画公園の特許事業に基づき整備されています。

One Point 商店街とパークマネジメント

ここで筆者が考えるのは商店街のパークマネジメントです。具体的には、商店が軒を連ねる商店街の通りの一角に公園があるケースです。商店街ではしばしば、通りを自転車に乗ったまま通行する来街者が問題になります。歩行者にとっては危険です。また店の前に自転車が駐輪されるのも迷惑です。商店街にトイレがないことも問題になります。

惣菜の食べ歩きが名物の商店街がありますが、すれ違う歩行者にとっては万一の汚れが気になります。食べ歩きは惣菜店以外の店にとって必ずしも歓迎されることではありません。串揚げを持ったまま洋服店に入られたら困るでしょう。食べた後のゴミの行き先も気になります。

これら課題に対し商店街のパークマネジメントが解決になります。商店街が通りの公園の管理を引き受けます。特に公衆トイレの清掃です。清掃を引き受ける代わりに、公園の公衆トイレを商店街のトイレとして誘導するのです。駐輪場も公園のものを兼用します。また、マルシェやフリーマーケットなどのイベントを公園の広場に誘致し、商店街の集客装置にするアイデアもあります。食べ歩きの代わりに公園にテラス席を設けるのがよいと思います。

こうして、自治体は公衆トイレの清掃にかかる委託料を節約できて“よし”、商店街はトイレ、食べ歩き、駐輪場の問題を解決でき、集客装置として活用できて“よし”、商店街の来街客は利便性が高まって“よし”と3つの視点の3方よしが成り立ちます。

CASE 12 赤山歴史自然公園〈イイナパーク川口〉

ハイウェイオアシスの集客機能を活かした都市公園の体験型メディア化

公 川口市　　**民** 首都高速道路サービス

▶公園の概要

赤山歴史自然公園

所在地	川口市
事業主体	川口市
公園種別	総合公園
面積	8.9 ha（うちハイウェイオアシス 2.1ha） （参考：川口パーキングエリア 1.4ha）

▶施設の概要

川口ハイウェイオアシス

	屋内遊具施設棟	商業施設棟	トイレ棟
施設種別	遊戯施設 1,146.54 m^2	便益施設 699.35 m^2	便益施設 623.92 m^2
整備費負担	川口市	首都高速道路 サービス株式会社	川口市
施設所有	同上	同上	同上
企画・管理	首都高速道路 サービス株式会社	同上	首都高速道路 サービス株式会社
営業受託	株式会社 コマーム	株式会社 東京ハイウェイ	−
適用制度	管理許可	設置許可	業務委託
事業者選定手法	非公募		
開業	2022 年（令和４）		

注：商業施設棟の敷地のみ首都高速道路株式会社の所有。株式会社コマーム、株式会社東京ハイウェイともに営業委託契約をベースとしており、いずれも経営は首都高速道路サービス株式会社が主体となっている。屋内遊具施設に関しては営業収益も首都高速道路サービスの計上となる

Overview　都市公園と高速道路パーキングエリアの組み合わせ

2022年（令和4）4月に首都高速道路の川口パーキングエリア（PA）に連結するかたちで川口ハイウェイオアシスがオープンしました。高速道路でハイウェイオアシスといえばサービスエリア（SA）やPAの大型版のような印象を持たれますが、厳密にいえば両者は別のもので、その実体はSAやPAに連結された都市公園です。

川口ハイウェイオアシスは川口市の赤山歴史自然公園（愛称：イイナパーク川口[*6]）の一部です（図表2・41）。敷地内には川口PAの第2駐車場（公

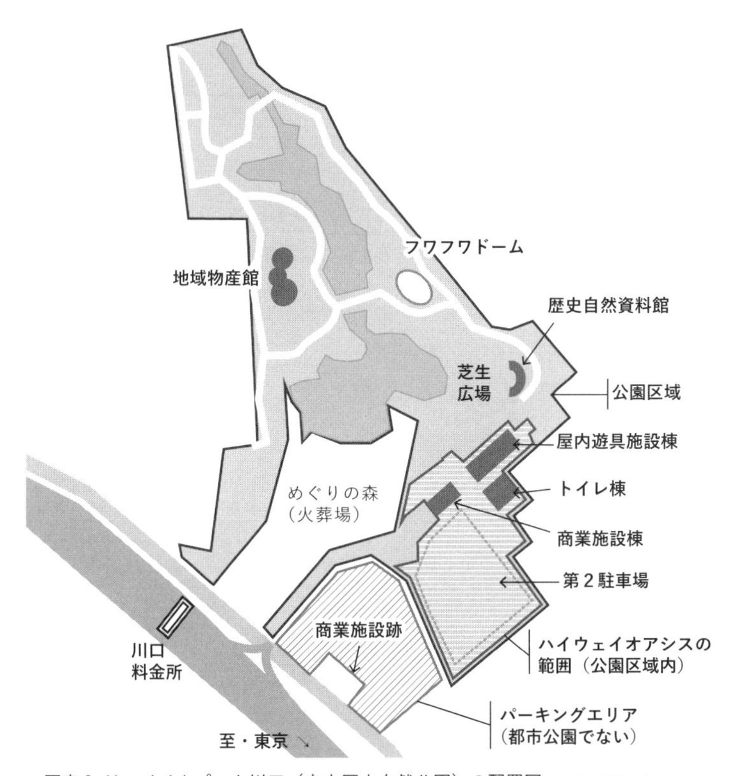

図表2・41　イイナパーク川口（赤山歴史自然公園）の配置図（出所：筆者作成）

図表 2･42　右手前がトイレ棟、右奥が屋内遊具施設棟、左が商業施設棟（出所：筆者撮影）

園側高速道路駐車場）の他、トイレ棟、商業施設棟そして屋内遊具施設棟があります（図表 2･42)。川口 PA に元々あった売店・レストランが園内に移転しました。移転にあたって、首都高速道路株式会社（以下「道路会社」）が園内の敷地を取得し、関連事業を担う首都高速道路サービス株式会社（以下「首都高サービス」）が都市公園法の設置許可を得て建物を整備しています。両社は、元々路面にあった旧店舗の用地、建物にかかる移転補償金を川口市から得ており、市は跡地に周遊バスの発着場を整備する予定です。商業施設棟はいわゆる PA の売店・レストランですが、川口市からみれば都市公園の便益施設です。都心に向かうドライバーだけでなく、イイナパーク川口に来園した地域住民も利用します。

商業施設棟を含めハイウェイオアシス内の施設は首都高サービスが管理しています。第 2 駐車場は道路との兼用工作物のため道路会社との共同管理です。商業施設棟を除き、ハイウェイオアシスにかかる維持管理費は川口市が負担することになっています。

Scheme　目玉施設の設置許可と管理許可

川口ハイウェイオアシスの目玉施設が屋内遊具施設棟「ASOBooN（アソブーン）」で、知育玩具輸入販売大手の株式会社ボーネルンドがプロデュースしました。川口市が整備し、首都高サービスが市の管理許可を得て施設経営をとりしきっています（図表 2･43）。屋根が開放されているスペースを含めれば 2022 年 4 月の時点で関東最大級の屋内遊び場です。

屋内遊具施設棟の公民連携ケースで興味深いのは、施設の業況に応じた補てんと収益還元の組み合わせです。

図表 2･44 は、遊具施設利用料を横軸に、市が受け取る納付金と市が事業者に支払う補てん金の関係を整理したものです。なお遊具施設利用料は屋内遊具施設の年商を構成する内訳のうち最も大きなものです。他にイベント収入等があります。業況が想定を下回った際には運営費を補てんすることで事業者の減収リスクを抑える一方、好調に推移した場合には収益水準に応じて納付金を得、公民で成果を分け合う仕組みとなっていることがうかがえます。

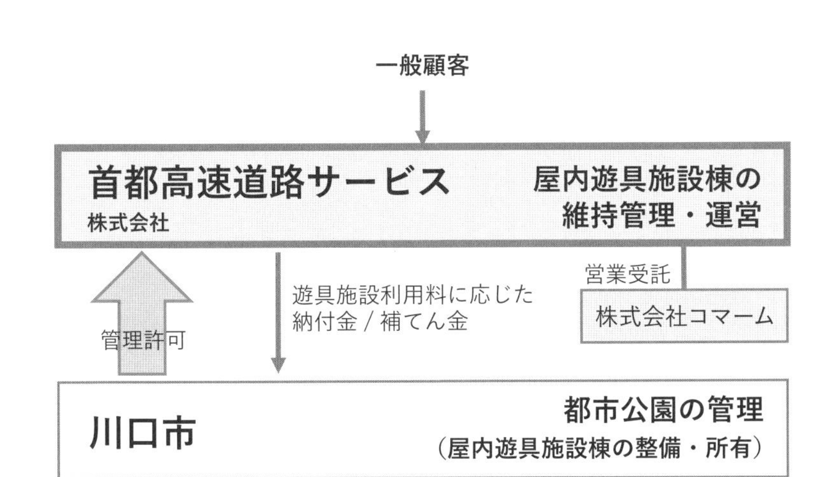

図表 2･43　屋内遊具施設棟をめぐるスキーム図（出所：筆者作成）

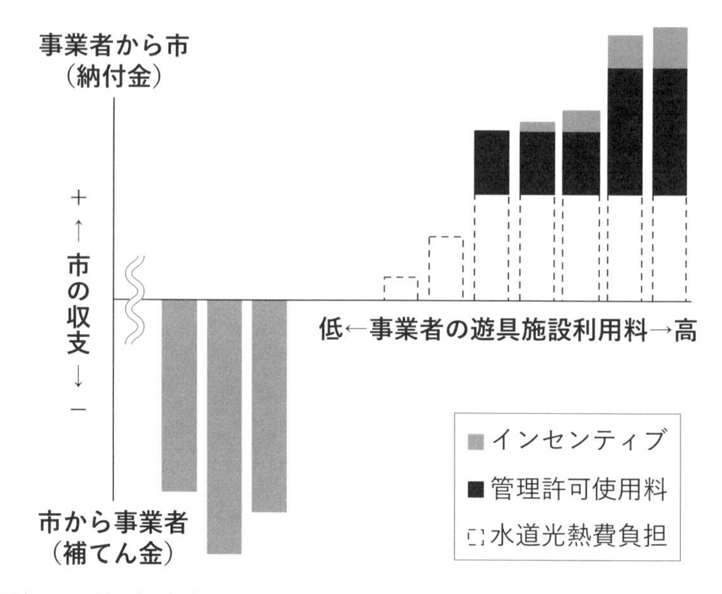

図表 2･44　川口市の視点からみた、施設業況に連動する収支イメージ（出所：筆者作成）

基本協定書をひもとき、この仕組みを分析してみます。まず事業者は都市公園法の管理許可使用料、水道光熱費負担金を支払います。ここで数段階の収益区分を設定しました。収益区分が下がるに従って、はじめは管理許可使用料の半分が、次いで管理許可使用料の全額と水道光熱費負担金の一部が免除されるものとしました。遊具施設利用料が一定額を下回ると両方免除となります。条例で定められる管理許可使用料は本来定額制ですが、全部または一部を免除することができる旨の条項を適用しています。

遊具施設利用料が想定を大幅に下回った場合は、さらに遊具施設利用料に応じて計算された運営費補てんが受けられます。市の補てんには違いありませんが、市の事業であるがゆえの公共性が前提となっていることに留意してください。例えば、遊具施設利用料を「適正な金額」に設定し、必要に応じて市の協議を受け入れることが基本協定書に定められています。

逆に業況が想定通り、あるいは上回った場合、市が収益連動のインセンティブを徴求することなっています。事業者は遊具施設利用料の基準額を超えた部分の5%を市に支払います。減収リスクを市が負担したのとバランスを取った形ですが、屋内遊具施設棟の整備費を一部内装含め負担した市の財政負担を減らすための工夫でもあります。

早い時期から川口市は屋内遊具施設を活性化の目玉と考えていました。そこで様々な関係者にヒアリングをしたところ、道路以外の交通が不便なうえ火葬場が隣接する立地がネックとなりました。とはいえ、成果にかかわらず定額を支払う単純委託では民間の集客努力を引き出せず、財政負担も固定化します。そこで考えたのが、業況に応じた運営費補てんと収益還元の合わせ技でした。

Review　高速道路利用者と公園利用者にとってのサービス向上

2012年（平成24）に定められた整備方針が「広域的な集客性に配慮した『水と緑のオアシス空間』の創出」だったように、広域からの集客がイイナパークの課題でした。オープン後も順調に推移しており、ゴールデンウィークには、PAからの立ち寄りを含めイイナパーク川口に10万人来園しました。屋内遊具施設には開業1か月で延べ1万5000人が来場しています。

3方よしの観点からも都市公園の付加価値が大きく上がったといえます。まずはハイウェイオアシス内3施設との相乗効果です。公園内には子ども向け大型遊具「フワフワドーム」や芝生広場など屋外の遊び場があり、隣接する屋内遊具施設と屋内外の一体感を醸しています（図表2･45）。

イイナパーク川口は体験型メディアのようになりました。公園内には郷土の歴史を紹介する歴史自然資料館、市内の物産を中心に地域の農業を紹介する地域物産館があります。ハイウェイオアシス商業施設棟のレストランは川口鋳物の羽釜で炊いたごはんがセールスポイントです。これも高速道路と連結することで見込まれた広域集客の効果の1つです。

図表 2・45　芝生広場にはテントを広げてくつろぐ家族連れも多い（出所：筆者撮影）

民間のビジネスの視点、高速道路の側のメリットもあります。ハイウェイオアシスはPAの付加価値向上策ともいえます。年間100万台が利用し、シーズンによっては満車も目立っていた駐車スペースが倍増し、新たなトイレ棟もできました。正確にいえばハイウェイオアシスはPAではありません。とはいえ利用者目線にはPAとハイウェイオアシスの区別なく、PA自体が倍以上の広さになったのと変わりません。背後には都市公園の森の緑で覆われたスペースが広がります。長旅の休息を提供する場としては道路料金の特別な負担なしで約7倍に拡大したことになります。

Insight　ハイウェイオアシスという公民連携パークマネジメント

前節のショッピングモールと公園の組み合わせに続き、本節では高速道路と公園の組み合わせをとりあげました。

ハイウェイオアシスの中でも有名なのが刈谷PAの刈谷ハイウェイオアシスです。綜合ユニコム株式会社「レジャーランド＆レクパーク総覧

2020」の調査によれば年間入場者数が東京ディズニーランド / ディズニーシー、ナガシマリゾート、東京ドームに次ぐ4位となりました。隣接する都市公園は農業用ため池機能をもつ岩ケ池公園（総合公園、10.9 ha）です。

ハイウェイオアシスの第1号は1990年（平成2）の北陸自動車道の徳光PAです。白山市の松任海浜公園（総合公園、18.9 ha）と連続しています。ふりかえると、ハイウェイオアシスはパークマネジメントが言われる前からあった公民連携パークマネジメント、それも30年以上の実績を積み重ねた都市公園の活性化策と言って差し支えないように思われます。

注

＊1　UENO3153に並んで建つ上野バンブーガーデン、上野さくらテラスも同じ経緯で建て替えられました。2005年（平成17）のバンブーガーデンは、元々1951年（昭和26）に建った上野東宝ビルで、東宝の映画館がありました。都市公園法の施行で映画館が公園施設として不適格でした。2014年（平成16）開業の上野の森さくらテラスは1953年（昭和28）にオープンした上野大東ビル（上野松竹デパート）が前身で、2階に上野松竹映画劇場がありました。

＊2　2016年（平成28）7月13日公共施設・公共用地有効活用対策調査特別委員会
小堤公園緑地課長（当時）「南池袋公園でいうと、実はあの施設も扱いは教養施設なんです。１階部分のレストランのところについては、便益施設として約１２０平米ほどございます。２階のところは、フロア的には教養施設としてそれ以上の面積を持っています。それで、多目的な用途に供しているその施設に関しては、一番大きい施設面積を有するところがその建物に対しての取り扱いをしていいところで、今回もそうなんですけれど、東京都に言って相談してみて、こういう施設でどうなんだろうかということで取り扱ってございます」
「平成28年度工事監査結果報告における監査委員意見・要望に対する措置状況等報告書」（2017年9月29日）では監査委員の意見として次のようにあります。
「公園の主たる用途については、１階をカフェレストラン、２階を教養施設（体験学習施設）としており、面積の過半が、特例が認められる教養施設であることから、建ぺい率は10分の10を限度とする適用をしている。しかしながら、現状においては、本来の目的である教養施設としての活用事例は少なく、カフェレストランの利用が多くを占めている」。これに対する区の措置状況等は「二年目以降は、一年目の状況を精査し、意見のとおり教養施設としての活用を推進していく」。この件について区の担当者に確認したところ、教養施設として利用された日の正確な記録はないものの、南池袋公園の視察等を受け入れた際に同建物の２階を使うことがあるとのことでした。視察の回数は次の通り。
2016年度35件
2017年度29年
2018年度32件
2019年度41件

＊3　2015年（平成27）9月30日の豊島区議会都市整備委員会によれば、区の内部検討では建物の整備は1億7,000万円で15年の償却期間を想定していました。

＊4　ジブリ美術館の設立経緯、指定管理料にかかる論点については次の三鷹市議会議事録が詳しいです。
1999年9月29日平成11年第3回定例会、2001年3月2日平成13年第1回定例会
2001年12月28日平成13年第4回定例会、2014年6月9日平成26年第2回定例会、2015年12月11日文教委員会、2015年12月21日平成27年第4回定例会、2016年9月15日平成27年度決算特別委員会

＊5　東京ミッドタウンは防衛庁本庁檜町庁舎の跡地開発事業ですが、江戸時代に遡れば檜町公園と一体で毛利家の麻布下屋敷で、檜町公園の部分は元から日本庭園になっていました。

＊6　当地を長く治めた伊奈半十郎忠治が名称の由来です。

CHAPTER

3

都市公園全体のプロデュース

CHAPTER 2 では都市公園の上に民間事業者が自らの負担で公共施設を整備運営するケースを紹介しました。CHAPTER 3 で紹介するのは、施設単体でなく都市公園全体を対象とする事例です。統一コンセプトの下、複数の公園施設を新設あるいは改修することで都市公園全体をプロデュースします。点に対する面のパークマネジメントといえます。
大阪城公園、天王寺公園エントランスエリア、稲毛海浜公園をとりあげます。

CASE 1 大阪城公園

施設設備を伴う指定管理者制度「魅力向上事業」

公 大阪市

民 大阪城パークマネジメント共同事業体

▶公園の概要

大阪城公園

所在地	大阪市
事業主体	大阪市
公園種別	歴史公園
面積	105.5 ha

▶施設の概要

園地、大阪城天守閣、売店、駐車場等

費用負担	大阪市 （一部）大阪城パークマネジメント共同事業体
所有	大阪市
営業	大阪城パークマネジメント共同事業体（大部分） －大阪城パークマネジメント株式会社（代表） －株式会社電通関西支社 －讀賣テレビ放送株式会社 －大和ハウス工業株式会社大阪本店 －大和リース株式会社 －株式会社 NTT ファシリティーズ
維持管理	同上（大部分）
適用制度	指定管理 / 負担付き寄附＋指定管理
事業者選定手法	公募
開業	2015 年（平成 27）

Overview　大阪城のコンテンツ力を活かした観光拠点

大阪城公園は、2015年（平成27）4月から電通関西支社その他5社からなる「大阪城パークマネジメント共同事業体」（PMO事業者）によって運営されています。JVの代表は大阪城パークマネジメント株式会社で、JVの構成員でもある株式会社電通関西支社、讀賣テレビ放送株式会社および大和ハウス工業株式会社大阪支店の共同出資会社です。

2012年（平成24）に大阪市が策定した「大阪都市魅力創造戦略」の下、国内有数の歴史遺産である大阪城のコンテンツ力を活かし、大阪城公園を世界的な観光拠点として強化する方向性が定められました。その流れで、発信力と集客力に秀でた民間事業者が統一したコンセプトをもって園内施

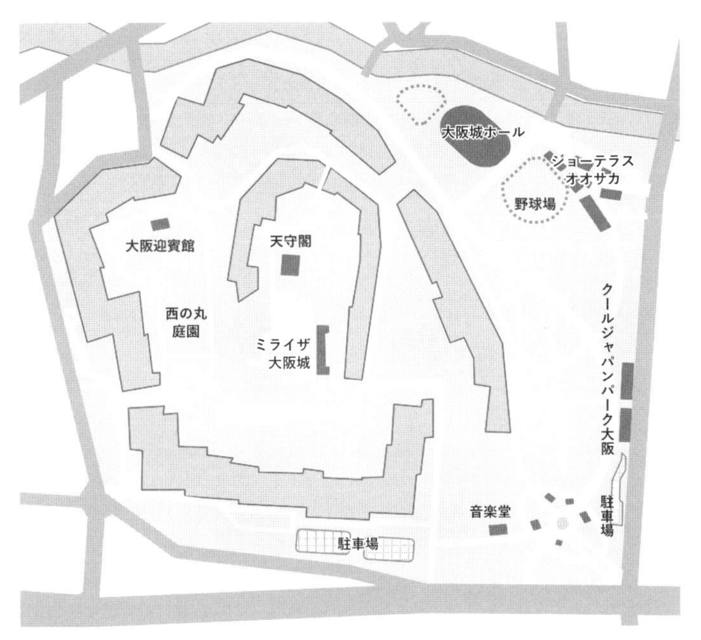

図表3・1　大阪城公園と主な公園施設の配置図（出所：筆者作成）

設を含め公園全体を管理運営する「パークマネジメント」が登場します(図表3･1)。一連の取組みは大阪城公園パークマネジメント事業と称されることになりました。

Scheme　設備投資を伴う指定管理者制度

盛り込まれた「魅力向上事業」のポイント

大阪城公園パークマネジメント事業の実体は指定管理者制度です（図表3･2)。管理対象は大阪城公園の園地、売店、駐車場その他の公園施設で、園内の大阪城天守閣、西の丸庭園、野球場、音楽堂も含まれます。ちなみに大阪城ホールは対象外です。

とはいえ、単に園内の公園施設群が園地とまとめて民間事業者が代行するタイプの指定管理者制度とは異なります。**本ケースのスキームは既存施設の管理だけでなく設備投資を伴う点が画期的でした**。事業者が自ら企画して設備投資をする「魅力向上事業」が盛り込まれています。既存の公園施設を改修、新たな公園施設を整備し、イベントやその他のソフト事業とセットで公園全体の魅力向上を図る事業です。自己負担で整備した新規施設、既存施設の改修部分はいったん大阪市に寄附し、その後あらためてPMO事業者の指定管理対象に組み込まれることになっています。

このような指定管理業務と魅力向上業務を合わせた全体スキームは「大阪城公園パークマネジメント事業、大阪城公園及びほか5施設管理運営業務基本協定書」で定義されています。内容は募集要項に反映されています。

基本は指定管理者制度ですが、本ケースは自治体が民間に委託料を支払うものではなく、逆に民間から納付金を受け取るタイプです。既存施設、新規に整備し後で指定管理対象となった施設あわせて、公園施設から得る

テナント各社・一般顧客

テナント料その他

指定管理者
施設の維持管理・運営

大阪城パークマネジメント
共同事業体

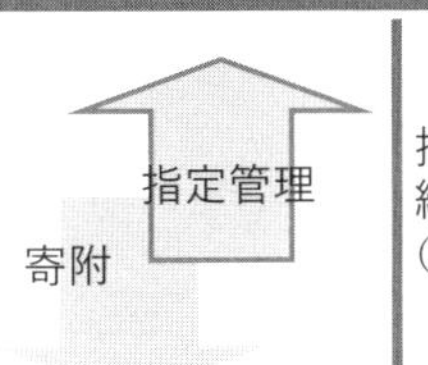

指定管理
納付金
（固定＋変動）

大阪城パークマネジメント株式会社（代表）
株式会社電通関西支社
讀賣テレビ放送株式会社
大和ハウス工業株式会社大阪本店
大和リース株式会社
株式会社 NTT ファシリティーズ

公園施設の設置者　**大阪市**

図表 3･2　大阪城公園をめぐるスキーム図（出所：筆者作成）

利用料金は PMO 事業者の収入になります。民間事業者が自らの資金で施設整備し、契約期間にわたって利用料金で回収する点はコンセッション（公共施設等運営権）方式に通じます。

募集要項

４ パークマネジメント事業者（指定管理者）が行う業務の内容

（２）魅力向上事業に関する業務

PMO 事業者は、公園や公園施設の指定管理者としての業務とは別に、大阪城公園を歴史観光拠点として質の高いサービスを提供するために必要な「魅力向上事業」として、**既存公園施設の改修・改築、新規公園施設の設置**と、改修・改築、新設に関わって必要な業務を行うとともに、PMO 事業の目的に沿った、大阪城公園の歴史、文化財を適正に保存管理しながら、それらを活かした新たな魅力ある事業の実施やイベントの開催に関する業務を行ってください。

魅力向上事業については、資料I「魅力向上事業に関する事項」を参照に、必ず事業提案をしてください。PMO事業者に決定後、提案いただいた事業をもとに本市と協議のうえ実施事業の詳細を決定します。
提案した内容は、これを確約するものではありません。必要に応じて修正等していただくことがあります。
魅力向上事業で整備した施設については、本市へ引き渡し（寄附）後、大阪城公園の公園施設として、指定管理者制度に基づき管理運営を実施していただきます。

事業収入

①行為許可に係る公園使用料及び有料施設の施設利用料は、PMO事業者の収入となる利用料金制を採用します。
②利用料金は、公園条例、天守閣条例及び音楽堂条例の定める範囲内で、市長または教育委員会委員長の承認を得てPMO事業者が定めることとします。
公園や公園施設（新たに設置する施設を含む）の管理に必要な経費については、施設の利用料金収入や事業収入等で賄い、本市からの指定管理業務代行料はありません。

注：強調は筆者

設備投資の経緯

提案時に向こう5年33億円の設備投資を見込んでいましたが、4年目の2018年度までに完了した投資実績は約75億円に上ります（図表3･3）。初年度（2015年度）は駐車場を増強しました。既存施設の改修といえば、西の丸庭園にある純和風建築の大阪迎賓館が宴会場・レストランに改装されています。元々建物は二条城二の丸御殿白書院をモデルにしています。

図表 3･3　大阪城公園の改装をめぐる経緯

2016 年 1 月	バス駐車場を増設
3 月	公園内の売店をコンビニエンスストア「パークローソン」に順次改装
5 月	大阪迎賓館（宴会場・レストラン）
2017 年 6 月	JO-TERRACE OSAKA（ジョーテラス・オオサカ）
10 月	MIRAIZA OSAKA-JO（ミライザ大阪城）
2018 年 5 月	カフェ「スターバックス」、遊び場「ボーネルンド・プレイヴィル」
2019 年 2 月	COOL JAPAN PARK OSAKA（複合芸術施設・クールジャパンパーク大阪）

公園内の売店は 1 年かけて「パークローソン」に転換しました。

戦前に第四師団司令部として使われた豪奢な洋風庁舎は MIRAIZA OSAKA-JO（ミライザ大阪城）に再生しました。忍者グッズ等を揃えた土産物店やレストラン、カフェがあります。JR 大阪城公園駅の前の広場には飲食店中心のオープンモール JO-TERRACE OSAKA（ジョーテラス・オオサカ）がオープンしました。

森ノ宮駅側のエントランスも一変しました。噴水を囲むように「スターバックス」や遊び場「ボーネルンド・プレイヴィル」、コンビニエンスス

図表 3･4　園内を走るロードトレイン（出所：筆者撮影）

トアができました。どれも落ち着いた色調の店舗で周囲の森の風景に溶け込んでいます。ここから少し北に歩くと複合劇場施設 COOL JAPAN PARK OSAKA（クールジャパンパーク大阪）が目に入ります。2019 年（平成 31）の開業です。

魅力向上の工夫は施設整備に留まりません。園内にはロードトレインとエレクトリックカーが運航され、堀は御座船で遊覧できます（図表 3･4）。城郭の櫓の内部公開など多彩なイベントが年中開催されています。

Review　公民連結ベースでも黒字を実現

内部移転の状況

本ケースの 3 方よしについて考えてみましょう。民間資金約 75 億円を導入し老朽化した公共施設を更新、修繕。来園者を意識した公園に、それも公的負担なしで再生したことはこれまで紹介したケースと同じパターンです。地元住民、国内外の観光客に向けたハード・ソフト両面の取組みが奏功し、来園者数は順調に伸びています。

本ケースの特徴は、パークマネジメント事業にかかる民間事業者の損益計算書が毎年度の事業報告書とともに公開されていることです。法人税等を差し引いた後の当年度損益が開示されています。損益計算書は大阪城天守閣、駐車場、売店・自販機収入などおおむね施設別にセグメントされています（図表 3･5）。

2017 年度（平成 29）決算をみると、公園施設で利益水準が最も高いのは天守閣事業、次いで駐車場事業です。売店や自販機にかかる使用料も貢献しています。ジョーテラス・オオサカやミライザ大阪城など魅力向上事業で新設され商業施設も黒字計上しています。黒字計上した 6 事業の黒字が音楽堂、野球場の運営費を補い、櫓等公開事業など文化イベント、そ

図表 3･5　大阪城公園パークマネジメント事業における利益の流れ（2017 年度、単位：百万円）

	総収益	総費用	（減価償却費）	事業別損益	
大阪城天守閣	1,388	537	(23)	851	黒字事業
駐車場	337	57	(9)	280	
売店・自販機等	240	21	(0)	220	
西の丸庭園	155	54	(1)	101	
JO-TERRACE	189	150	(32)	38	
MIRAIZA	115	103	(24)	12	
櫓等公開事業	46	48	(0)	-2	赤字
音楽堂	40	55	(2)	-15	
野球場	4	4	(0)	-1	
維持管理等	0	498	(5)	-498	← 黒字を赤字事業と維持管理へ
納付金	-	261	-	-261	→ 大阪市
法人税等				-227	→ 国その他
税引後損益				499	

出所：大阪城パークマネジメント共同事業体（PMO事業者）「大阪城公園パークマネジメント事業 事業報告書」から筆者作成

して 4 億 9,800 万円の維持管理費に充てられています。維持管理費とはオープンスペースの樹木剪定、園内清掃などです。PMO 事業者の共通費も含まれます。以前から直営事業としていた石垣修繕事業を除き、大阪市の負担はありません。

後述しますが本ケースは会計の透明性が高く、具体的には損益が企業会計ベースでウェブ公開され、園内の施設や機能別にセグメントされています。そのため 3 方よしの第 2 の視点、ビジネス機会の視点を定量評価することができます。本ケースは、オープンスペースの維持管理費や文化イベントの財源に収益を充ててなお余剰があることがわかります。大阪市に対しては 2 億 6,100 万円の納付金、法人税や住民税その他公租公課を含め 2 億 2,700 万円を支払っています。それでもなお、4 億 9,900 万円の当期利益を計上できました。

公民連結ベースでみた大阪城公園の損益

さて、注意しなければならない点がひとつあります。厳密にいえば**先の**

損益状況は大阪城公園パークマネジメント事業の損益状況であり、大阪城公園の損益状況ではありません。大阪城公園の損益状況は大阪城公園パークマネジメント事業だけではありません。大阪市の大阪城公園事業も存在します。大阪城公園そのものの損益状況は、大阪城公園パークマネジメント事業の損益状況と大阪市の大阪城公園事業の損益状況を連結しないとわかりません。

大阪市から入手したデータから、大阪市の大阪城公園事業の損益状況を作成し、大阪城公園パークマネジメント事業の損益状況と並べました（図表3･6）。大阪城公園パークマネジメント事業の納付金は、大阪市の大阪城公園事業からみれば収益になります。大阪市の大阪城公園事業にはこれ以外にも大阪城ホールや森ノ宮駐車場にかかる施設使用料、園内の露店や集会にかかる使用料があります。これらを足し上げた2017年度の総収益は4億7,000万円でした。

総費用には、これまで整備した固定資産の減価償却費、整備資金にかか

図表3･6　公民連結ベースでみた大阪城公園パークマネジメント事業における利益の流れ

（2017年度、単位：百万円）

民間事業者		地方自治体		横合計（相殺後）
大阪城公園パークマネジメント事業		大阪城公園パークマネジメント事業		
総収益	2,514	総収益	470	2,984
施設使用料等	582	施設使用料（2件）	109	(2,723)
観覧・駐車料等	1,728	露店・集会・広告等	81	
物販等	197	納付金	261	
総費用	1,788	総費用	312	2,100
人件費	175	人件費	115	(1,839)
減価償却費	97	減価償却費	174	
納付金	261	支払利息	17	
（税引前損益）	(73)	維持管理費	62	
法人税等	227			
当年度損益	499	当年度損益	158	657

出所：2017年度にかかる、大阪城パークマネジメント共同事業体（PMO事業者）「大阪城公園パークマネジメント事業 事業報告書」、大阪市「決算財務諸表」、「市民利用施設ごとの受益者負担に係るデータ一覧」から筆者作成。大阪市の大阪城公園事業の収支は、大阪市から入手したデータを基に、大阪城公園管理運営事業、公園事業の行政コスト計算書から大阪城公園にかかるものを切り出し、天守閣及び音楽堂を合算して作成した。総収益、総費用は特別損益を含む。なお、大阪城公園パークマネジメント事業から大阪市の大阪城公園事業に占有料等の授受が15,727千円ある。

る支払利息が含まれています。大阪城公園を所管する部署の人件費もあります。維持管理費はパークマネジメント事業後にも引き続き大阪市が直営している施設にかかるものです。

大阪城公園パークマネジメント事業と大阪市の大阪城公園事業の損益を横合計し、納付金など両者間の収支を相殺消去したものが公民連携の損益となります。連結ベースでみても大阪城公園は全体で黒字であることがうかがえます。

大阪城公園のケースは公民連結ベースの損益状況から成功事例といえます。大阪市の公的負担がなく、民間事業者も利益を計上、公園の魅力が向上し入園者数が増えました。まさに3方よしが成就しています。

このように、公民連携事業を評価するには公民連結ベースの損益計算書が必要です。連結ベースの損益状況をみてはじめて対象施設の損益を把握することができるからです。そのために、**自治体においては施設別損益状況を計算すること、民間事業者においては損益計算書の形式で事業報告を開示することが課題です**。

他方、大阪城公園の場合、パークマネジメント事業の導入前の損益状況が不明のため、以前に比べどの程度改善したのかはわかりません。大阪城公園のように自治体直営だった施設を公民連携で経営することになった場合、その成否を評価するには直近年度の公民連結ベース損益計算書だけでは不十分です。大阪城公園の場合、訪日外国人観光客の増加も来園者増に貢献したと考えられます。来園者の増加要因のうち公民連携がどれほど寄与したかを事後検証するにあたって、直営時代との損益比較が重要になります。

公民連携の成否は、自治体直営の損益と、公民連携後の連結ベース損益との比較で評価する必要があります。CHAPTER 4 で詳しく説明します。

Insight　透明性が高い損益開示

本ケースでは公民連携ベースの収支を作成しました。作成できたのは、指定管理者の収支が損益計算書の形式で開示されていたからです。本ケースの目立たぬ秀逸点は経営の透明性です。事業別にセグメントされており、経営実態の把握に役立ちます。

水道事業や公立病院をはじめ公共サービス事業は財務状況が詳細に公開されています。他方、公民共同経営になったとたんブラックボックス化するケースが後をたちません。ひとつは、指定管理者の財務状況の開示方法が制度や協定書において明確に定められていないこと。もうひとつは会計単位が公民に分離してしまうことが要因です。

公営企業ならともかく、公共施設の場合は自治体側の損益計算書の作成法が定まっていないのも一因と思います。本書では市の開示資料を集めて市の大阪城公園事業の損益計算書を合成しました。年度が 2017 年度と若干古いのはデータの制約や作成の手間の都合も実はあります。

指定管理者の財務状況が最低でも大阪城公園パークマネジメントの形式でウェブ開示され、連結可能な形式で公共施設の損益計算書も開示され、ひいては公民連結ベースでも開示されるのが当たり前の体制になればと思います。

CASE 2 天王寺公園エントランスエリア〈てんしば〉

公園が地域ハブとなったエリアの価値向上

公 大阪市

民 近鉄不動産

公園の概要

天王寺公園

所在地	大阪市
事業主体	大阪市
公園種別	動植物公園
面積	26.0 ha（うちエントランスエリア 2.5 ha）

施設の概要

売店、飲食店、駐車場等

費用負担	大阪市・近鉄不動産株式会社
所有	同上
維持管理	同上
適用制度	設置許可 / 管理許可
事業者選定手法	公募
開業	2015 年（平成 27）

次も大阪市です。キタ、ミナミに次ぐ大阪第3のターミナルの天王寺。その駅前に天王寺公園があります。面積は約26万 m^2 で、半分弱の11万 m^2 は天王寺動物園です。全国で3番目に開園した動物園で2015年（平成27）に百周年を迎えました。内には他に大阪市美術館、日本庭園の慶沢園、大坂夏の陣で真田幸村が前線基地とした茶臼山があります（図表3·7）。

天王寺公園のうち、JR天王寺駅から谷町筋を渡ってすぐの面積2.5 haほどの広場は民間が管理しており、2015年10月から20年間の予定で近鉄不動産が担っています。この広場を天王寺公園エントランスエリアとい

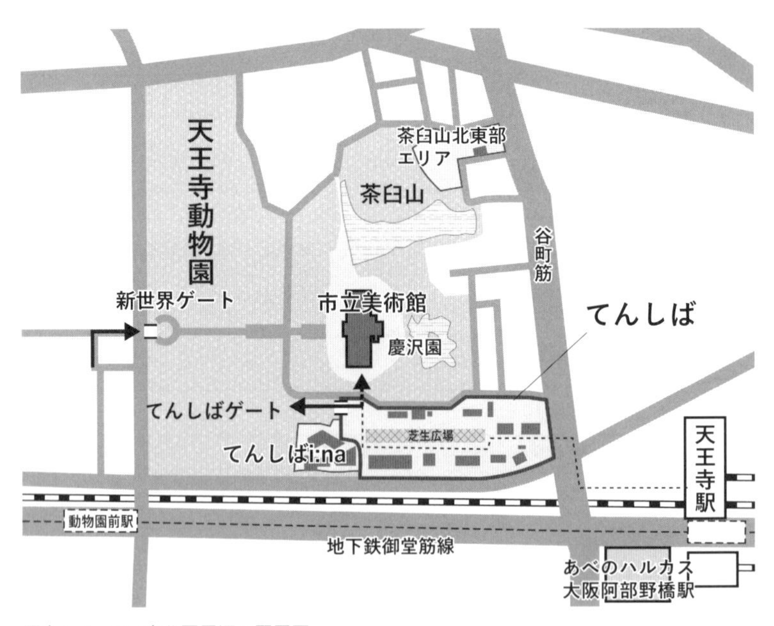

図表3·7　天王寺公園周辺の配置図
（出所：筆者作成。本ケースでは天王寺公園エントランスエリア〈てんしば〉の他、茶臼山北東部エリアも手掛けている）

い、通称〈てんしば〉と呼ばれます。警備員の目視と園内店舗の来店者数から推計した入場者数は2019年度で約503万人。開園以来4年連続で前年を上回り、市が直営していた13年度の約145万人に比べ3.5倍に増えました。

Scheme　設置許可・管理による事業者主導のリニューアル

2012年（平成24）策定の「大阪都市魅力創造戦略」において、天王寺公園が立地する「天王寺・阿倍野地区」が大阪城公園と同様に、世界クラスの観光拠点としての魅力と発信力を高めるべく重点エリアのひとつに位置づけられました。このエリアには聖徳太子ゆかりの四天王寺をはじめ大阪の文化・観光資源が集まっています。なかでも動物園、日本庭園、美術館を擁する天王寺公園はエリアの核となる立地です。エリア内の文化・観光資源とターミナル駅を結ぶ動線上に位置する天王寺公園エントランスエリアの運営を、リニューアル事業とともに民間の柔軟かつ斬新なアイデアに委ねることで、天王寺公園ひいては天王寺・阿倍野地区全体が活性化することが期待されました。

本ケースは、大阪城公園パークマネジメント事業と似ています。都市公園の維持管理だけでなく事業者自らの発案でエリア全体をリニューアルするタイプのパークマネジメントです（図表3・8）。単体の公園施設を新設、改修するのにとどまらず、複数の公園施設を統一コンセプトに従って整備します。点に対する面的なマネジメントです。園内の緑地をリニューアルし、飲食店、物販、その他のサービス施設を配置することができます。

実際、民間事業者は、東西に長いエントランスエリアの中央に芝生広場を整備しました。芝生広場の両脇にカフェ・レストラン、コンビニエンスストア、フットサル場や子どもの遊び場施設などを配置しました。民間事業者が自ら負担した投資額は約16億円に上ります。

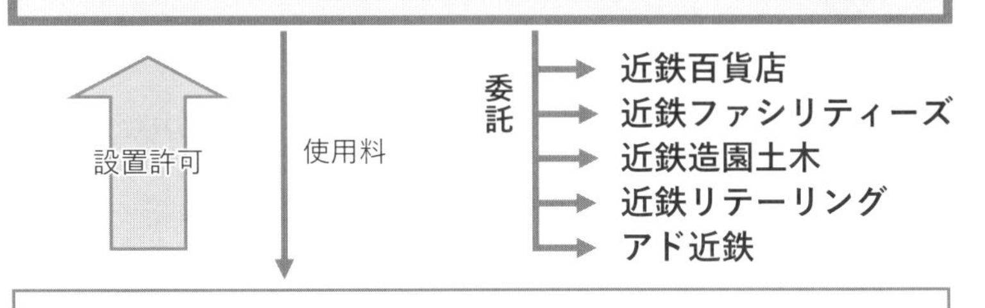

図表 3·8　天王寺公園エントランスエリアをめぐるスキーム図（出所：筆者作成）

募集要項

（1）施設等の設置条件

提案できる施設等は、天王寺公園や周辺地域の活性化が十分に認められる都市公園法における「公園施設」に該当する施設に限ります。

公園施設：都市公園の効用を全うするため、公園に設けられる施設。

売店、飲食店、宿泊施設、運動施設、休養施設など

※提案していただく施設等の整備に必要な費用は全て事業者負担として、提案を求めます。

施設等の設置にあたっては、都市公園法第５条に基づき、事業者が施設等を設置・使用する範囲において、大阪市が公園施設設置許可または、大阪市の施設を使用する場合には公園施設管理許可が必要となります。

大阪城公園パークマネジメント事業と異なるのは、同事業が指定管理者制度であるのに対し、天王寺公園ケースは都市公園法の設置・管理許可制度を適用している点です。募集要項には、事業者が設置すなわち建設して自ら経営する場合は設置許可、既存施設を使用する場合は管理許可を適用するものとしています。要はどちらも選択可能です。実際は駐車場を除き設置許可で、管理許可は金額ベースで1割程度です。

Review　公的負担の軽減と経済活性化

エントランスエリアの民間経営が始まって5年間の状況を検証すると、本ケースがもたらす効果がうかがえます。

“3方よし”の第1の視点、自治体の負担軽減をみてみましょう。図表3･9は事業報告書から5年分の損益状況を整理したものです。少なくとも2017年度以降は経常黒字であり、エントランスエリアの維持管理費はすべて園内の利便施設から得る収益で賄われていることがわかります。大阪市の直営時代は入園に150円の料金が徴収されていましたが、それでも足りず税金が充てられていました。維持管理に年間3,700万円程度かかっていました。現在は逆に民間事業者から公園施設にかかる設置許可使用料約3,700万円を収入しています。大阪市はこれを公園の直営部分の維持管理費に充てることができます。言うまでもなくリニューアルにかかる設備投資は民間が自ら負担するので原則として市の負担はありません。

第2の視点、民間のビジネス拡大の観点はどうでしょうか。結果をみれば業況はすこぶる堅調です。本ケースも大阪城公園パークマネジメント事業と同じく民間の損益計算書と同じ様式で収支状況が毎年度報告され、17年度以降は減価償却費や支払利息を含めた経常利益が掲載されています。これによれば2019年度は5,500万円の経常利益を計上しました。維持管理費は従前並みあるいは従前を若干上回る水準となっていますが、賃

図表 3·9　天王寺公園エントランスエリアをめぐる事業収支

単位：百万円

	2015 年度	16	17	18	19
営業収益	103	224	293	303	322
施設賃貸	69	152	186	195	212
駐車場	18	43	45	47	53
営業費用	×	×	233	248	254
人件費	4	3	19	16	13
テナント業務	13	23	30	32	37
維持管理等	23	57	37	45	52
公園使用料	12	28	32	35	37（大阪市の収入）
減価償却費	×	×	72	75	74
営業利益	×	×	59	55	68
支払利息	×	×	12	12	13
経常利益	×	×	47	43	55

出所：事業報告書から筆者作成

貸料その他の収益の増加でカバーしています。大阪市に公園使用料を支払いつつ、なお利益を計上しています。

本ケースの事業主体は近鉄不動産ですが、営業費用のうち委託関連の多くを近鉄グループに発注しています。テナント管理は近鉄百貨店、清掃や警備、日常点検は近鉄ファシリティーズ、植栽管理は近鉄造園土木という具合です。単体ではなく、グループ収益に視点を拡げるとビジネス機会はなお大きくなります。

Insight　ハブ機能と求心力でエリアをまとめる

“3 方よし”の第 3 の住民視点は入園者数の増加から明らかです（図表 3·10）。

項をあらためて着眼したいのは天王寺公園エントランスを中心とした周辺エリアの魅力向上です。明らかなのは**リニューアルを機に人の流れが変わったことです**。従来、天王寺動物園を訪れる人は地下鉄御堂筋線の「動

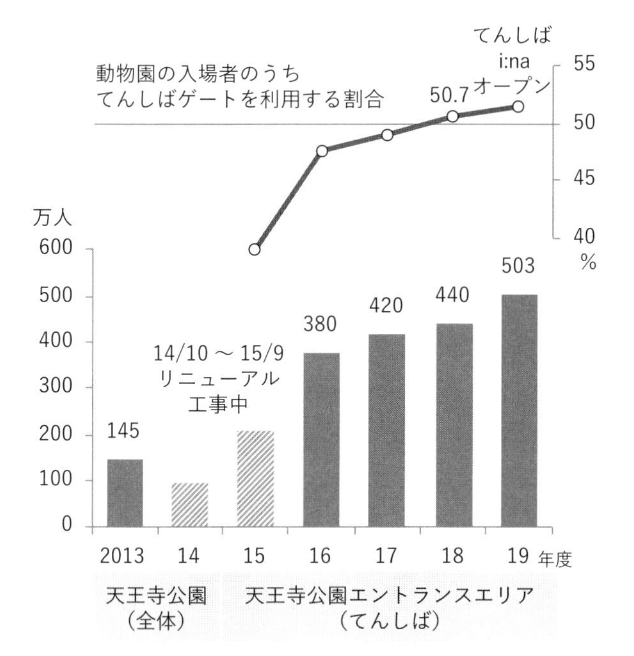

図表 3·10　てんしばと天王寺動物園の入場者数
（出所：事業報告書、天王寺公園資料から筆者作成）

物園前」で降り、関西有数の繁華街のジャンジャン横丁を通り抜け、動物園の新世界ゲートから入場するのが常でした。てんしばの開園を機に、天王寺駅からてんしば経由で入場するケースが増え、18年度にはてんしばゲートの入場者数が新世界ゲートを超えました。てんしばゲートは動物園のてんしば側の出入り口です。

てんしばが天王寺駅から動物園に至る「大通り」になりました。天王寺動物園がてんしばの集客装置となり、大通りとしてのてんしばを介して天王寺駅と動物園を往来する人々が、公園内の飲食店に立ち寄る消費パターンができました。百貨店が最上階の催事で集客することで、客が下りる道すがらの買い物が増えることを「シャワー効果」といいますが、**天王寺駅を百貨店のエントランス、動物園を最上階の催事場に見立てたシャワー効**

果が起きています。

また、てんしばは、大阪市美術館、慶沢園そして天王寺動物園など多様な「アトラクション」に囲まれた広場のような位置にあります。天王寺駅というターミナル駅を起点に周辺に散らばる来街者動線の結節点となり、エリアの一体性をもたらしています。ターミナルは天王寺駅の他、近鉄南大阪線の起点の大阪阿部野橋駅も一体となって構成されています。大阪阿部野橋駅には日本一の高さを誇る超高層ビル「あべのハルカス」、近鉄百貨店の本店もあり、これらもエリアを構成する「アトラクション」のひとつとなっています。ハブにつながるアトラクションが多いほどエリアの価値は高まるといえるでしょう。

この文脈でてんしばは天王寺駅と動物園をつなぐ大通りでもあり、**周囲のアトラクションを一体化する「広場」**でもあります。公園は分散した街をつなぐ「糊」のような役目を果たします。てんしばの意義は単に公園の活用にとどまらず、公園を中心としたエリアの価値向上、まちづくりの可能性を示した点にあると考えられます。この点についてはCHAPTER 5の「公園まちづくり」で詳しく考察していきたいと思います。

2019年（令和元）11月、動物園のてんしばゲート脇に「てんしば i:na（イーナ）」がオープンしました。天王寺公園は東半分が上町台地で標高が高く、動物園側が一段低くなっており、両者の境目が段差になっています。てんしばイーナは境目の緩やかな傾斜地にあります。ここにカフェ・レストラン、動物園のグッズショップやアスレチック施設が並んでいます。親子で楽しめるアトラクションが増え、てんしばと動物園とのシナジー効果が以前に増して高まりました。

CASE 3 稲毛海浜公園

まちづくりビジョンを要件とした事業提案の募集

公 千葉市

民 ワールドパーク連合体

▶公園の概要

稲毛海浜公園

所在地	千葉市
事業主体	千葉市
公園種別	総合公園
面積	83 ha

▶施設の概要

売店、飲食店、駐車場等

費用負担	千葉市 株式会社ワールドパーク連合体 －株式会社ワールドパーク（代表） －株式会社 cotoha Resort&Hotels －株式会社フロンティアインターナショナル －一般社団法人日本ランニング協会 －株式会社 CVC
所有	千葉市 / 株式会社ワールドパーク連合体
運営	株式会社ワールドパーク連合体
維持管理	同上
適用制度	設置許可 / 管理許可 / 指定管理
事業者選定手法	公募
開業	2020 年（令和 2）から順次

Overview　コンセプトに遡って再整備された海浜公園

都市公園を面的にプロデュースするタイプのパークマネジメントの3例芽は千葉市の稲毛海浜公園です。南北3 kmにわたる長い園地で、海岸に沿ってわが国初の人工海浜「いなげの浜」、稲毛ヨットハーバーがあります（図表3･11）。

開園は1977年（昭和52）で老朽化が目立ってきました。2017年4月に公募されたのが「稲毛海浜公園施設リニューアル整備・運営事業」です。この事業の特徴は民間事業者が公園コンセプトに遡って提案することです。公園コンセプトを起点に事業規模、事業費、施設配置やサービス内容が盛り込まれます。都市公園のリニューアル計画そのものです。

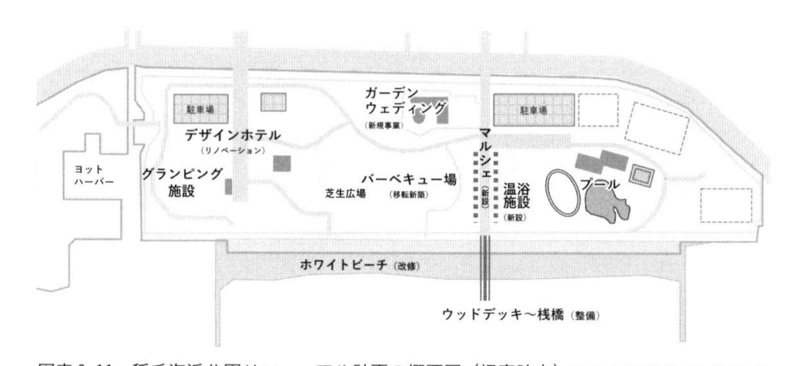

図表3･11　稲毛海浜公園リニューアル計画の概要図（提案時点）（出所：事業提案書を元に筆者作成）

Scheme　コンセプト・事業計画の公募

募集要項によれば本事業は「稲毛海浜公園の各ゾーンにおいて、民間の事業者が自己の資金で公園施設の新規整備または改修を行い、周辺を含めた一帯の区域において魅力的な運営と適正な維持管理を行う事業」です。

すなわち、民間事業者は施設単体ではなく公園全体を面的にマネジメントします。施設を新たに設置する、あるいは既存施設をリノベーションするにあたって事業費は自己負担が原則です。その後の運営、維持管理についても収益事業から得る収益を充てる独立採算が原則です。とはいえ完全な独立採算ではなく、整備もその後の運営・維持管理も公民の役割分担が前提となります。自治体が何を分担するか、直営時代に比べどれだけの負担軽減になるかも提案内容に含まれています。

リニューアルにあたってどのような施設を新設するか、既存施設をどのように改修するか、海岸や芝生広場をいかにデザインするかは民間事業者が自由に企画できます。要件は、2016年（平成28）に公表された「海辺のグランドデザイン」を踏まえることです。「海辺のグランドデザイン」は稲毛・幕張海浜エリアの方向性を示したまちづくりビジョンです。稲毛海浜公園は、人工海浜に毎年多くの海水浴客が集まる首都圏屈指のレジャー拠点、背後の住宅地に暮らす8万人以上の住民の憩いの場と位置づけられています。これを踏まえ、向こう20～30年を見据えた開発指針として「海辺とまちが調和するアーバンビーチ」という地域コンセプトが定められました。

応募にあたって提出が求められた事業提案書と審査の着眼点に本件事業の特徴が表れています。図表3･12は募集要項から本書の説明に沿って抜粋したものです。

提案書の冒頭に求められたのが事業コンセプトです。「海辺のグランドデザイン」で定められた地域コンセプト「海辺とまちが調和するアーバンビーチ」に基づいた公園コンセプトが求められました。募集要項には「『海辺のグランドデザイン』をどのように踏まえているかわかりやすく示すとともに、稲毛海浜公園の活性化及び海辺の魅力向上に関する考え方・方向性を示してください」とありました。まちづくりビジョン、地域コンセプトそして公園コンセプトの整合性が評価のポイントでした。

次に求められたのが「計画」です。施設や植栽の配置を示した公園全体

図表 3・12　稲毛海浜公園施設リニューアル整備・運営事業事業者募集要項における提案審査（抜粋）

審査項目	審査の視点
（事業コンセプト） 事業提案概要	• **事業の主旨・目的を理解**した計画となっているか • 利用者サービスの向上に資する計画となっているか • **集客性の向上**が期待できる計画となっているか
（基本計画） 基本計画図	• 事業提案施設等の機能は、**グランドデザインの方向性**に即したものとなっているか • 区域の景観形成に関して、区域外の景観との一体性・調和に配慮した計画となっているか
（施設計画） 施設計画図 イメージパース	• 公園利用者にとって魅力的な機能を備えた事業者提案施設等は、事業区域に対して十分な質・量の提案がなされているか • **施設の意匠・形態は、各ゾーンの方向性や事業コンセプトと整合し、周辺環境との調和にも考慮したものとなっているか** • バリアフリー対応を含め、安全な利用動線が確保されているか
維持管理・運営計画	• 都市公園施設に相応しい運営（営業）形態となっているか • 利用者が満足できる魅力ある運営計画となっているか • 広く公園利用者に受け入れられるサービス内容となっているか • 地域（市民、まちづくり団体等）との連携に配慮しているか • 賑わいを創出するイベントの提案があるか
資金計画書 収支計画書 公園使用料提案書	• **海辺の魅力創出、集客数の増加、市に対する公園使用料の支払額など事業効果が期待できるか** • 事業が確実に実施される見込みがあるか • **事業に必要な資金が既存の事業活動の中で生み出せているか** • **施設撤去・整備費、維持管理・運営経費のうち、市が負担する費用はどの程度となっているか**

出所：稲毛海浜公園施設リニューアル整備・運営事業事業者募集要項（千葉市都市局公園緑地部公園管理課、2017 年 4 月）／太字による強調は筆者

の基本計画図、個々の公園施設の平面・立面図、イメージパースなど施設計画図などがあります。基本計画図や施設計画図がリニューアル後の完成形を示す資料であるのに対し、維持管理・運営計画は公園が提供するサービスの形を示すものです。各施設の営業時間や営業内容について記載されます。イベント等については開催内容、時期・回数、ターゲットから料金設定まで記載する様式になっています。

資金計画・収支計画も提案対象です。リニューアル事業において市の負担はどれほどか、その後の計画期間にわたって市の負担がどれほど軽減できるかが着眼点です。

募集要項には選択可能な制度手法もリストアップされています（図表

図表 3・13　稲毛海浜公園施設リニューアル整備・運営事業事業者の募集要項（抜粋）

提案施設名		提案種別	事業主体（費用負担者）			適用可能な制度手法
			施設整備	施設所有	管理運営	
新たな機能・施設	事業者提案施設	収益事業	事業者	事業者	事業者	設置許可
	事業者改修・活用施設	収益事業	事業者	市	事業者	管理許可
既存施設の維持管理	建物	収益事業		市	事業者	管理許可 指定管理
		非収益事業			事業者	指定管理 業務委託
	一般園地	非収益事業	事業者	市	事業者	指定管理 業務委託

出所：千葉市の資料から抜粋の上、改行位置等を筆者が調整

3・13）。要するに、**本書でこれまで説明した都市公園法の設置許可、管理許可、地方自治法の指定管理者制度のすべてを選択することができます**。

施設の寄附も選べます。その場合、事業者が自己負担で施設を整備し、完成後に市に寄付し、代わりに管理許可を得るプロセスを辿ります。

Review　収益施設を組み合わせ公的負担は半減以下に

審査の結果、株式会社ワールドパークを代表に5社で構成されるワールドパーク連合体の提案が採択されました（図表3・14）。事業コンセプトは、「SUNSET BEACH PARK」。多々ある公園のコンテンツの中で、ビーチを最大限に生かすことが計画の主軸となりました。リニューアル事業の総投資額は60億5,000万円。そのうちビーチ養浜、トイレの改修、電気・上下水道等のインフラ等にかかる24億8,000万円は市が負担する計画です。

提案によればメインストリートの両脇にマルシェを誘致。ビーチを臨む場所には温浴施設を配置します。メインストリートを挟んで反対側にはバーベキュー場を移設。その高級エリアを森の中に展開します。植物

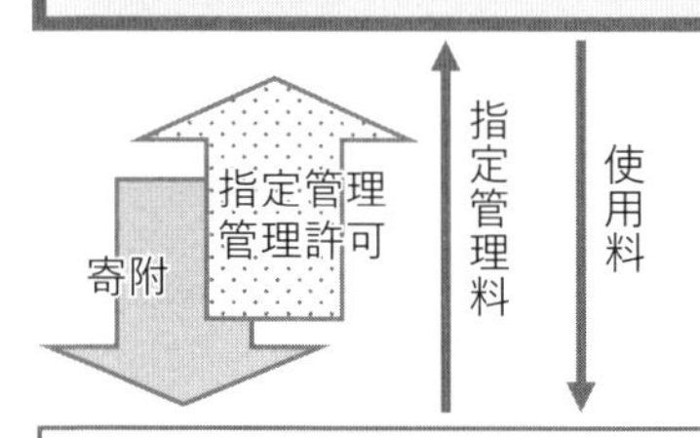

図表 3・14　稲毛海浜公園をめぐるスキーム図（出所：筆者作成）

園「花の美術館」は改修してガーデンウェディング事業を始める計画です。元々この施設には市が1億8,490万円ほど補てんしていましたが、計画ではウェディング事業の収入を見込んで独立採算を図ることになっています。

芝生広場から検見川側は静寂空間を意識し宿泊施設を中心に展開します。稲毛記念館はデザインホテルにリノベーションして収益を見込みます。ホテルの目の前にある日本庭園が立地上の強みとなります。日本庭園には茶室がありますが稼働は3割程度で、茶室、稲毛記念館、その他1棟の計3棟で約5,490万円の持ち出しとなっていました。

ヨットハーバー側の奥まったエリアにはホテル並みのフルサービスを楽しめるキャンプ場、いわゆるグランピング施設を新設する計画です。

新型コロナウィルス感染症という想定外の事態によって進捗は遅れ気味ですが、少しずつ公園のリニューアルが進んでいます。エントランスから海に向かうメインストリートの先に、海に突き出る形でウッドデッキの桟橋が築かれました。バーベキュー場もオープンしています。

図表 3･15　稲毛海浜公園にかかる千葉市の単年度収支（単位：百万円）

	2015 年度実績	2025 年度見込	増減	備考
（移管）花の美術館	184.9	-	-184.9	指定管理料
（移管）稲毛記念館他	54.9	-	-54.9	同上
園地管理	77.2	77.2	0.0	業務委託
ビーチ管理	44.2	44.2	0.0	同上
インフラ初期投資	-	126.0	126.0	年度按分ベース
支出計 A	**361.1**	**247.4**	**-113.7**	
（改修）市民プール	9.5	14.3	4.7	公園使用料
（改装）デザインホテル	-	3.1	3.1	
（新設）グランピング施設	-	16.0	16.0	
（新設）温浴施設	-	14.8	14.8	
（新設）マルシェ	-	1.8	1.8	
（改修）花の美術館	2.4	2.3	-0.1	
（新規）同・ウェディング事業	-	13.2	13.2	
（移転）バーベキュー場	0.2	4.7	4.5	
（新築）ビーチハウス	0.2	5.0	4.8	
（新規）イベント事業	-	10.7	10.7	
駐車場	4.4	4.4	0.0	
収入計 B	**16.7**	**90.3**	**73.6**	
市の純負担 A-B	**344.4**	**157.1**	**187.3**	

出所：事業計画書から筆者作成。リニューアル事業にかかる収支のため運動施設等は対象外。提出時点の計画でありその後スケジュール等の修正があることに留意のこと。インフラ初期投資は市の整備費負担分を単年度ベースに按分したもの

提案書に示された市の単年度収支をみると、支出から収入を差し引いた純負担は 2015 年度で 3 億 4,440 万円、10 年後は 1 億 5,710 万円と半減以下を見込んでいます（図表 3･15）。花の美術館、稲毛記念館などに対する委託料が皆減。市の初期投資を単年度ベースに按分した 1 億 2,600 万円を見込んでなお従前比 1 億 1,370 万円の節減となります。収入は、デザインホテルやウェディング事業など既存施設のリニューアルに伴って新たに得る使用料、グランピング施設や温浴施設など新規施設から得る使用料が計上されています。さらに市民プールやビーチハウス（海の家）などの改修効果を見込み、市の増収幅は約 7,360 万円となる計算です。

“3方よし“の観点でいえば、本ケースは第1の視点の自治体の負担軽減がそのまま提案対象になっています。提案時点の透明性が極めて高いうえに、民間事業者が公的負担の節減に定量的にコミットする事例です。

なお提案書には民間事業者の事業収支が全体および施設別に記載されています。税引後損益は初年度以降黒字の見通しで、第2の視点の民間ビジネスの拡大も問題ありません。

Insight 提案の着眼点は自治体と民間の収支見込み

本書で説明した公民連携のエッセンスがほとんどすべて盛り込まれた事例です。まずはコンセプトレベルの大胆な性能発注。手法としては単純な業務委託から指定管理者、管理許可、設置許可まで選択できます。

本ケースは自治体の負担軽減がそのまま提案対象になっています。民間事業者が公的負担の節減に定量的にコミットする募集形態になっています。また、提案書には民間事業者の事業収支が全体および施設別に記載されています。提案内容を見てみると税引後損益は初年度以降黒字の見通しで、ビジネスとしての要件もクリアしています。

PFI方式ですとVFM（Value for Money）の実現が求められます。VFMとは自治体等が施設整備から維持管理、運営まで通して遂行した場合のライフサイクルコスト（生涯コスト）に対し公的負担を何％削減できるかを示す指標です。施設整備費を減価償却費の形で運営期間にわたって単年度に按分し、自治体直営ケースの損益と公民連携ケースの損益を比べる方法もあります。後者の損益状況が勝っていれば、公民連携ケースのほうがコスト削減に寄与することは明らかです。その点、**損益ベースで比較した稲毛海浜公園のケースはコスト削減効果が一目瞭然で、効果の発現経緯を含めVFMで示すよりもわかりやすくなっています**。

CHAPTER

4

公民連携手法の考え方と使い方

着眼点の“3 方よし”、すなわち行政予算の節約、ビジネスの活況そしてエリアの魅力向上というメリットが公民連携手法を通じていかにもたらされるのか。本章ではそのメカニズムについて深堀します。メカニズムの理解は本書で紹介した事例を咀嚼し実践するのに重要です。

公民連携の検討ポイントは、自治体からみれば民間に対してコスト削減と集客のどちらを（あるいはどちらも）期待するか。民間にとっては採算面の課題を公民連携でいかにクリアするかです。そして 3 方よしは公民連結した収支によって評価が最終確定します。

公民連携とは何か

1 PFI法でひもとく公民連携

“3方よし”を作り出す公民連携について、PFIの定義の観点から説明します。PFIとはPrivate Finance Initiativeの略で、直訳すると民間資金等活用事業です。法律名は「民間資金等の活用による公共施設等の整備等の促進に関する法」といいます。以下、「PFI法」と呼ぶことにします。公民連携はPublic Private PartnershipといいPPPと略されます。PFIはPPPの一種で、PFI法を適用するPPPです。

PFI法の第1条は次の通りです。

> この法律は、民間の資金、経営能力及び技術的能力を活用した公共施設等の整備等の促進を図るための措置を講ずること等により、効率的かつ効果的に社会資本を整備するとともに、国民に対する低廉かつ良好なサービスの提供を確保し、もって国民経済の健全な発展に寄与することを目的とする

要するにPFIとは**公共施設等の整備等の方法**です。公共施設ですので国や自治体が実施するものです。整備“等”とあるのは整備だけでなく完成後の維持管理や運営の話でもあるからです。ここで誤解を恐れず簡単にいえば「整備」とは工事のことです。

従来型の整備等の方法と異なるのは、**民間の資金、経営能力及び技術的能力を活用**する点です。PFIの直訳が民間資金等活用事業ですから、少な

くとも公共施設の整備費は民間資金が財源です。民間が事業に対し資金を拠出し主導権（Initiative）を獲得。主導権を踏まえて自らの経営能力と技術的能力を発揮する仕組みとうかがえます。**「カネを出すものは口も出す」**。資金を拠出した者が主導権を得るのが世の常です。民間資金による公共施設の整備とは、民間が資金拠出する代わりに、公共施設の整備ひいては経営にあたって創意工夫の自由を得ることに他なりません。

PFI の目的は**国民に対する低廉かつ良好なサービスの提供**です。民間が経営能力及び技術的能力を発揮することで事業のコスト節約とサービス向上が実現します。

Private Finance Initiative
（一言でいえば）
民間の**資金**、**経営能力**及び**技術的能力**を活用した
公共施設等の整備等の方法
（目的は）
国民に対する
低廉かつ良好なサービスの提供

2 コスト負担と回収先に着眼した公民連携手法の分類

公民連携には PFI 方式、都市公園法の管理許可、地方自治法の指定管理者制度、その他様々な手法があります。単純化すれば、公民連携にあたって自治体が民間に期待するのは**技術的能力によるコスト削減**と、**経営能力によるサービス向上**です。この 2 つの期待を切り口に民連携の手法

を図表4･1で整理したいと思います。

技術的能力を活かしたコスト削減にはさらに民間資金を活かした整備事業の有無による区分があります。民間資金を活かした整備事業ありの手法は民間事業者が公共施設の整備に関わっており、自己資金を拠出しています。民間資金を活かした整備事業なしの場合、民間事業者はもっぱら完成後施設の維持管理・運営に関わります。施設整備は自治体が担い、民間資金の活用の余地はありません。

表の列見出しは経営能力によるサービス向上です。民間事業者が担う公共サービスの提供相手が一般客か自治体かで区分されます。ここで一般客とは地域住民のことです。要するに、民間事業者が住民に対し直接提供するサービスか、いったん自治体に提供し、自治体が住民に直接提供するかの違いです。

図表4･1　公民連携手法の整理

		技術的能力を活かした**コスト削減** （民間は維持管理・運営費のみ支出）	（民間が整備費を拠出）
経営能力を活かした**サービス向上**	（一般客から回収）	**維持管理・運営費を利用料金で回収** ・管理許可 ・使用許可 ・指定管理者（料金制） ・建物賃借	**整備費を利用料金で回収** ・独立採算型ＰＦＩ ・設置許可 ・負担付き寄附＆管理許可 ・負担付き寄附＆指定管理
	（自治体から回収）	**維持管理・運営費を受託料で回収** ・指定管理者（代行制） ・業務委託	**整備費を受託料で回収** ・サービス購入型ＰＦＩ ・施設リース

出所：筆者作成

経営能力を踏まえたサービス向上

1 誰がサービス対価を支払うか

経営能力を踏まえたサービス向上は、サービスの提供相手が一般客か自治体かによって本質的な意味が異なります。サービスの提供相手とは、**誰がサービス対価を支払うか**の回答に他なりません。利用料金を一般客から受け取るならばサービスの提供相手は一般客。自治体から業務を受託し対価を受け取るならば自治体です。

料金徴収業務を民間事業者が担っている場合はどうでしょうか。徴収した料金が事業者の収入ひいては運営財源となっていなければ、それは料金徴収業務を請け負っているに過ぎず、やはりサービスの提供相手は自治体です。要するに、**サービス提供相手が一般客であるということは、顧客の不入りリスク、すなわち集客がふるわず収益が減った場合の損失を負うということ**です。本質的には、**不入りリスクを負う主体が一般客に公共サービスを提供する主体**です。

2 整備費を何で回収するか

先に示した図表4･1で考えてみましょう。この図の視点は民間事業者です。横軸は公共サービスの提供にあたって民間事業者が支払った整備費その他のコスト。縦軸は回収原資を意味しています。両方を合わせて、横軸が示すコストを縦軸が示す収入で回収するというクロス図になっています。

サービス購入型PFIが属する右下のグループは、**民間事業者が整備費を拠出して、自治体から得る受託料で回収**することを示しています。

独立採算型PFIや設置許可が属する右上のグループは、**民間の整備費負担を一般客から得る利用料金で回収する**ということです。集客不入りによる収入減リスクも甘受します。

業務委託が属する左下のグループにおいて民間は整備費を負担しません。民間は維持管理、運営費を支払い、自治体から得る受託料で回収します。このグループには指定管理者（代行制）もあります。民間事業者は不入りリスクを取りません。自治体に労務サービスを提供し、定額の対価を受け取ります。職場は違っても工場等の構内請負サービスと本質的に同じです。実際、人材派遣会社が公共施設の指定管理者になるケースも少なくありません。

左上のグループには使用許可や建物賃借が属しますが、これは公共施設の維持管理、運営にかかったコストを一般客からの利用料金で回収するモデルです。民間事業者が施設を新たに整備したり改修したりすることはなく、業務は既存の公共施設の運営にとどまります。

民間の資金、経営能力及び技術的能力をフル活用し、計画・整備段階から一貫して公共施設に関わることで、国民に対する低廉かつ良好なサービスを提供するタイプ。つまりPFI法第1条で示されるタイプの公民連携手法は右上のグループにあたります。

3　役割分界点でみた公民連携手法の違い

同じ整備費負担を伴う公民連携手法でも、サービス提供相手が一般客か自治体かによって大きく異なります。

施設整備に関する業務プロセスで考えてみましょう（図表4･2）。教科書的には計画から始まり、設計、施工そして維持管理・運営に至る説明が

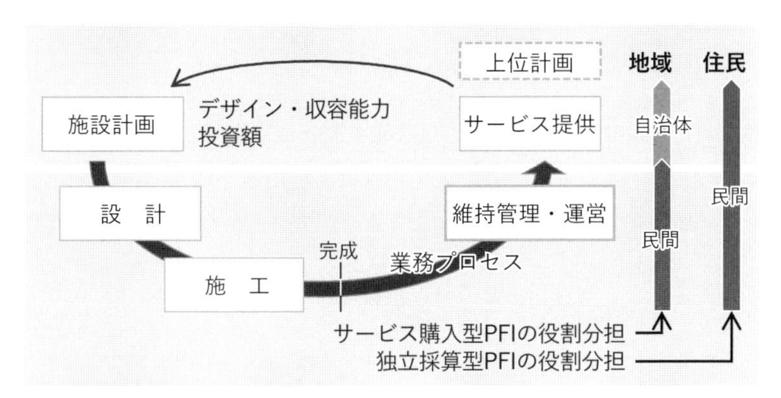

図表 4・2　公民連携による業務プロセス（出所：筆者作成）

一般的です。本書では運営とサービス提供を分けています。とりあえず事務と営業の違いをイメージするとよいと思います。施設整備を伴うスキームである PFI 方式を例に説明します。PFI 方式とは民間事業者が公共施設の整備、維持管理から運営まで一貫して請け負う契約です。公共サービスの対価を誰から得るかによって独立採算型とサービス購入型に分かれます。独立採算型 PFI はサービス提供の相手が一般住民。対してサービス購入型 PFI は自治体です。

サービス購入型 PFI が担当するプロセスは設計、施工から維持管理・運営までです。投資額を含め施設計画は自治体が立てます。自治体が決めた施設のデザインや収容能力を性能要件として民間に発注します。受注した民間事業者は、施設計画で定められたデザイン、収容能力の施設を投資予算内で完成させ、完成後は契約期間にわたって使える状態にしておく責任を持ちます。民間事業者は自治体に公共施設のアベイラビリティ（Availability、可用性）を納品し、自治体にサービス購入料を請求します。自治体は民間事業者から公共サービスを「仕入」し、住民に「販売」すると例えることができます。

4　計画段階から主体的に関わる方式

対して、独立採算型PFIは計画段階から民間事業者が主体的に関わります。民間事業者はサービス内容を決定のうえ集客を見込み、ここから逆算して収容能力と投資予算を決定します。自治体の発注要件は施設計画のさらに上位計画となります。ここで設定されたビジョンを性能要件に、民間事業者が事業計画、施設計画を提案する手法といえます。集客力を強みとした民間の経営能力を最大限発揮することができます。

都市公園法の設置許可もこのグループに属します。独立採算型PFIの事例は極めて少ないですが、同じことは都市公園法の設置許可で再現可能です。地方自治法の負担付き寄附のスキームを組み合わせると応用の幅が広がります。負担付き寄附は、議会の議決を条件に、財産の寄附にあたって反対給付が得られる制度です。民間が自治体に施設を寄附し、反対給付として施設の運営権を得るようなケースで使われます。運営権を得る手法には都市公園法の管理許可制度や指定管理者（利用料金制）制度などあります。

一般客をサービス提供相手とする場合、民間事業者は事業計画や施設計画に遡って担うことになります。整備費その他のコストが増加するリスクは知識と経験である程度コントロールできます。しかし収入は容易にコントロールできません。収入減リスクを最小化するため、公共施設のデザインを工夫する必要があります。集客見込みに見合った規模にすることも同様です。不入りリスクを負う側はそれに見合った事業計画、施設計画を策定する権限が必要だということです。

要するに、**不入りリスクを負う者と整備費を負担する者と施設計画を立てる者は同一人物であるのが原則です**。

民間事業者の立場に立てば、民間の資金拠出を期待し、民間の経営能力を発揮させようとすれば、事業計画、施設計画に関する権限をセットにしなければ割が合わないといえます。

技術的能力を踏まえたコスト削減

1　コスト削減策としての公民連携

公民連携はコスト削減策としての意義もあります。クロス図（図表4･1）の右下、サービス購入型PFIは公民連携の機能のうち施設整備コストの削減に特化したものといえます。

一言でいえばコスト削減になりますが、より端的にいえばQCDの向上です。QCDはQuality（品質）、Cost（コスト）、Delivery（納期）のそれぞれ頭文字です。品質とはミスなく工程を進めること。コストは文字通り低廉に整備すること、ムダ使いしないこと。最後の1つは納期を厳守することです。もっとも品質リスク、納期リスクも手戻りで生じた追加作業や遅延損害金の形でいずれコスト増加リストに帰結します。

民間の建設会社はQCD向上のノウハウを持っています。これが公民連携の「技術的能力」ですが、公共発注の下では十二分に発揮できません。伝統的な公共発注が分離・分割発注を旨とし、一般競争入札を原則とするからです。

要するに、**民間の技術的能力を活用した公共施設等の整備等の方法とは、民間の技術的能力が発揮できるような発注の方法**です。

2　民間発注のメリット

図表4･3は伝統的な公共発注とPFIの発注を比較したものです。PFI方式の特徴は、発注機能を自治体の外に出し、民間事業者が発注者になる

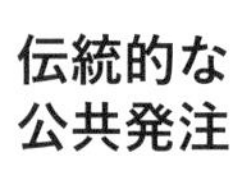

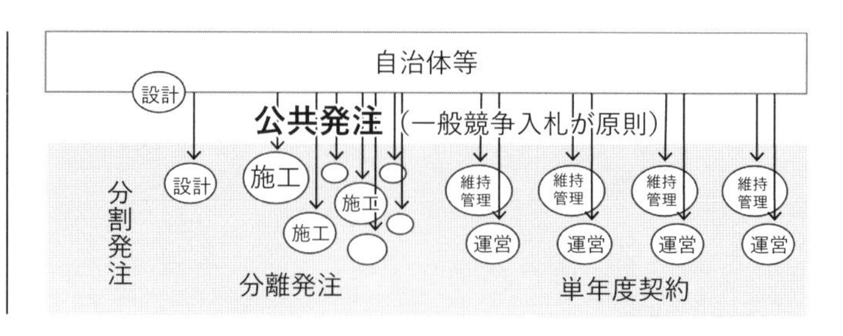

PＦＩによる発注

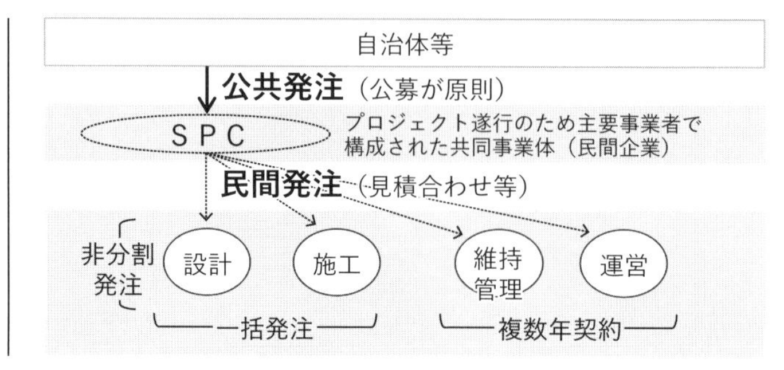

図表 4·3　伝統的な公共発注と PFIによる発注の比較（出所：筆者作成）

ことで公共発注の分離·分割発注、一般競争入札の原則による「非効率」を解消することです。分離・分割されたプロセスを、民間事業者の技術的能力が発揮されるレベルにまとめ、施設整備や維持管理、運営のトータルで効率化を図るものです。

PFI においては発注主体が自治体ではなく民間の事業者です。様々な関係業者がチームを組んでプロジェクト会社を作ります。特定目的会社、略して SPC です。便宜上、PFI 方式で説明していますが、PFI に限らず、都市公園法の設置許可でも民間事業者が公園施設を整備し自治体に負担付き寄附をするのでも、いずれにしても発注者は民間事業者になります。PFI と同様、公共発注の原則に依拠する必要がありません。

3 一括発注

民間発注のメリットを３つ例示します。**第１に設計施工一括発注**があります。例えばＡゼネコンはＢ工法が得意だとします。Ｃ施設の施工にはＢ工法が品質や納期面で安全性が高く、コスト効果も期待できます。ここでＢ工法を適用するには、設計業務とまとめてＡゼネコンに発注するのが確実です。「技術的能力」を設計に盛り込む手法といえますが、自治体の発注原則である分離分割発注の下でこのような設計施工一括発注は簡単ではありません。伝統的な公共発注の原則は設計と施工が別々です。施工の場合、受注者は設計図面に忠実な施工が求められます。材料や工法、工程は仕様で定められた範囲で決めることができますが、材料が品番レベルで指定されたり、決まった工法に沿うことが求められたりすればそれだけ裁量の余地は狭まります。いわゆる仕様発注です。

第２は合理的なサイズの一括発注です。施工にあたって自治体が発注する場合、１つの工程でもいくつかに分割し、１つ当たりの規模も大きなものから小さなものまでばらつきを持たせなければなりません。同じく難易度も高いものから低いものまで分割します。民間発注の場合、雇用対策を意識して発注単位を細分化することはありません。

4 見積合わせ方式

第３は見積合わせ方式です。伝統的な公共発注は一般競争入札が原則で、発注額の上限と下限をあらかじめ決めておきます。機会均等、公平性を旨とするので予定価格は厳密に作成されます。対して民間は協力会社に見積合わせ方式で発注します。あらかじめ基本契約を結んだ協力会社に下見積を依頼します。複数社から入手した見積書の内訳を比較してターゲット価格を作成。最安値を提示した会社に対しもう一段の値下げ交渉をします。

成果物は厳しく評価され、成績が芳しくないと下見積もりの依頼頻度が減っていき、改善しない場合は協力会社から外されることもあります。能力的に問題がある下請業者が施工プロセスから淘汰されます。もっとも、そうならないよう協力会社には研修を施しています。独自の研修施設を持つ大手事業会社もあります。

5 維持管理における民間発注のメリット

伝統的な公共発注において維持管理・運営は単年度契約が原則です。これに対し民間発注の複数年契約には３つのメリットがあります。

第１は引継ぎロスの解消です。伝統的な公共発注の場合、同じ業務でも２年目に別の業者が担うことになったとき、引継ぎ期間が必要になります。複数年度発注にすればここで生じる引継ぎロスが解消されます。

第２は経験効果です。１年目と２年目に担う業者が異なる場合、１年目の業者が慣れたところで２年目に引き継ぐことになり、経験がいったんリセットされます。２年目ははじめから経験を積み上げる必要があります。複数年度にわたって同じ業者が担うことになれば、１年目よりは２年目、２年目よりは３年目のほうが習熟度は高くなります。

第３は技術革新効果です。維持管理業務を１年しか請け負えないことが分かっている場合、当の業務を効率化する設備投資はまずしません。初期投資が回収できないからです。例えば耐用年数４年の車両、同じく５年のシステムの導入を検討する場合、契約期間が４年、システムなら５年以上あれば初期投資の回収の見込みが立ちます。契約期間が長ければ長いほど、設備投資の幅が拡がり、別の観点からみれば民間の工夫の幅が広がります。複数年契約なしではイノベーションも起こりません。

どの施設にどの公民連携手法が向いているか

1 顧客ニーズ重視と普遍的価値重視の分担

これまで説明した公民連携手法についてどのような施設に適用するのがよいでしょうか。自治体の視点と民間事業者の視点で考えます。

まずは、**それが自治体が提供すべき公共サービスか、民間が提供すべき公共サービスかの選択肢です**。公共施設の経営にあたって、顧客ニーズにストレートに応えるべきか、教育や文化など普遍的価値を重視するかと言い換えられます（図表4･4）。

例えば水族館であればエンタテインメント重視の水族館と、種の保存や研究目的の水族館があります。神奈川県立湘南海岸公園（広域公園、17.4 ha）の新江ノ島水族館は、民間企業がイニシアティブをとることで文化教育施設としての水族館から、集客を視野に顧客ニーズを意識した水族館へのコンセプト転換を実現した事例です。2002年（平成14）3月15日開催のPFI推進委員会において、水族館の整備を主導したオリックスの担当者は「文化性と収益性とのバランスを図ることということで、博物館としての水族館から公園として市民に何が望まれているのかを追求する水族館コンセプトの刷新を行わなければいけないと認識しました」とコメントしています。

顧客ニーズに偏ると「大衆迎合」となり、普遍的価値に偏ると「独りよがり」になるのでバランスが重要です。ちなみに、新江ノ島水族館の場合、普遍的価値の要素として学習施設「なぎさの体験学習館」が併設されています。こちらは神奈川県の運営です。サービス購入型PFIで整備さ

図表4･4　コンセプト軸で整理した公民連携モデル（出所：筆者作成）

れており、コスト削減の実は確保されています。

対象となる整備事業にあたって、それが**公共施設の効率的な整備を重視するのか、公共事業としての雇用対策等を重視するか**の選択肢もあります。先に公共発注の「非効率」について説明しましたが、これも雇用対策の観点では合理的です。技術的な課題や規模の過少により多少コストが嵩んでも、地元業者に雇用を行きわたらせるため分離・分割しなければならないという考え方もあります。単年度発注が非効率であっても、できるだけ多数の労働者に雇用機会を配分する観点から致し方ない面もあります。

2　補填する側とされる側の分担

立地優位のマネタイズ

次に、民間事業者の損益見込みに着眼した選択肢を考察します（図表4･5）。

はじめは損益見込みが高い施設です。自治体の補填がなくても民間事業

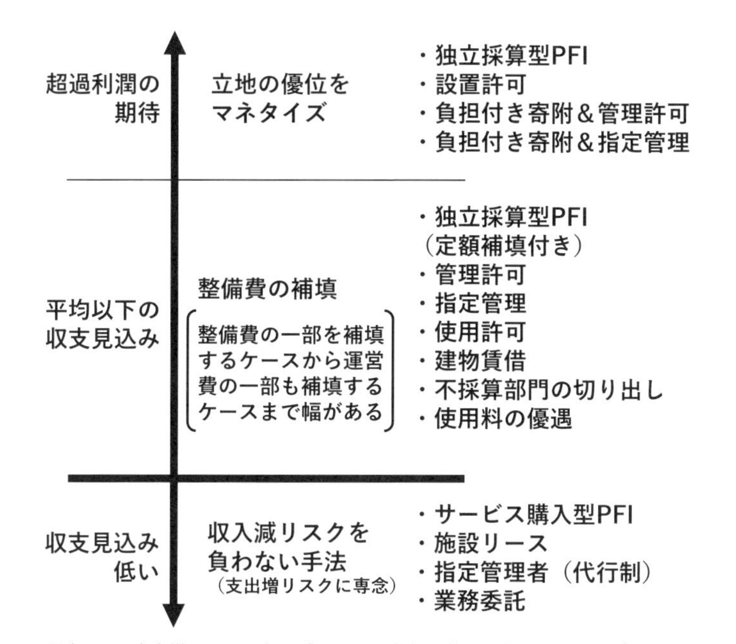

図表 4・5　支出増リスク・収入減リスクの分担で整理した公民連携モデル
（出所：筆者作成）

者が利益を出し、その一部を公園に還元できるケースです。園外の地代相場に比べて高い使用料を設定できるケースで、自治体からみれば**「公園立地のマネタイズ」**です。パークマネジメントの理想といえます。

公園の場合、このケースにあてはまるのは設置許可制度です。民間事業者が自己負担で公園施設を整備し、経営します。設置許可使用料を自治体に支払います。補填が全くない独立採算型 PFI も適応します。

収支見込みが低いケース

次に、採算性が極めて低いことが予想される施設です。これは立地の問題だけではありません。自治体が普遍的価値重視の施設を計画する場合も想定されます。民間事業者は集客不入りによる収入減リスクを負えません。

選択肢としてサービス購入型PFIがあります。建物リースも同じです。施設整備を伴わない手法としては、指定管理者（代行制）や単純な業務委託があります。これら手法に共通するのは民間事業者が収入リスクを負わないことです。**自治体が民間に委託するにあたって実質的な収入保証をします**。PFIでしたらサービス購入料、指定管理者制度でしたら指定管理料としてサービス原価を反映した定額を民間事業者に支払います。

それでも、民間の技術的能力を発揮しコスト削減その他のQCDを改善させる目的で公民連携を適用する意義はあります。

自治体の定額補填を前提に収支が回るケース

3番目が、民間単独では採算が厳しいものの、一定のニーズと社会的意義があり、自治体の定額補填があれば取り組めるものです。独立採算型PFIに取り組むにしても完全な独立採算は難しい場合、定額の補填金を導入することになります。指定管理者の利用料金制は独立採算が原則ですが、様々な名目で補填金を受けることがあります。具体的には経常的な運営費に充てるもの、施設整備費、修繕費に充てるためのものがあります。

自治体の支出方法も様々です。補助金として補填金を受けるケースの他、三鷹の森ジブリ美術館や前橋市の〈るなぱあく〉のように指定管理料（代行制）として受けるケースがあります。

キャッシュ以外の補填の方法——施設整備の負担と使用料の減免

定額補填はキャッシュでなくても構いません。カフェ・レストランに限らず民間の事業経営においてコストが嵩むのは施設整備費です。自治体が施設整備費を負担する補填の方法があります。

枠組みとして、自治体が施設を整備し、民間に使わせる公民分担があります。一言で言えば公設民営です。地方鉄道の経営によくみられる上下分離方式もその1つです。CHAPTER 2～3で説明した制度では都市公園法の管理許可、地方自治法の指定管理者制度（利用料金制）、公共施設の使用許可が該当します。建物賃借もあります。民間が自己負担で施設整備した場合、整備費を耐用年数にわたって按分し減価償却費を計上しますが、当の施設を所有していない場合は計上する必要がありません。単独経営なら必要な減価償却費負担がない分、コスト削減になっているといえます。

民間事業者が施設を所有していないならば代わりに賃借料がかかるはずです。公共施設を使い営業するケースで、賃借料を減免されることがあります。公園施設であれば管理許可使用料の優遇などがこれに当たります。この場合、**当の優遇幅がキャッシュ以外の補填の方法となります**。

キャッシュ以外の補填の方法——不採算部門の切り出し

民間事業者が受託する施設が複数の建物で構成されるケース、あるいはひとまとまりのエリアの複数の公共施設の場合、収益性があるものを管理許可、ないものを指定管理者（代行制）で受託する策があります。CHAPTER 3でとりあげた稲毛海浜公園のケースがそれにあたります。既に紹介した新江ノ島水族館となぎさの体験学習館のケースも同様です。

利用料金制の指定管理者制度を基本としながら、固定費の一部を切り分けて代行制の指定管理者制度を設定する方法もあります。CHAPTER 2でとりあげた中では三鷹の森ジブリ美術館の事例がこれにあたります。

3　コンセッションの代わりに使える都市公園スキーム

設置許可・管理許可制度

公民連携の特徴が明文化されているPFI制度ですが、文字通り民間の資金、経営能力、技術的能力をフル活用した独立採算型PFIの事例は多くありません。

その代わり、都市公園法の設置許可制度は多くの前例があります。建蔽率の制限があり、対象が公園施設に限られますが、前述の通り公園施設と重なるレジャー施設が多く、民間の集客力を活かせる業種が多々あります。まちづくりビジョンに即した自治体の意向に則り、民間が自己負担で自ら公園施設を整備し、一般客から得た利用料金で投資を回収する設置許可制度はまさにPFI法第1条の理念を満たしています。

PFI法には公共施設運営権（コンセッション）制度があります。既存の公共施設を民間事業者が運営できる権利で、運営には収益活動も含まれます。**都市公園法の管理許可制度によって得られる権利も実態的には「運営権」です**。CHAPTER 2で紹介した横浜スタジアムは管理許可によって得た「運営権」を無形固定資産として貸借対照表に計上しています。もっともここでの「運営権」は譲渡できず担保になりませんが。

管理許可制度は地方自治法の負担付き寄附のスキームを組み合わせると応用の幅が広がります。負担付き寄附は反対給付を前提とした寄附制度です。議会の議決が条件になりますが、例えば、民間が自治体に施設を寄附し、反対給付として施設の運営権を得るようなケースで使われます。CHAPTER 2でとりあげた市立吹田サッカースタジアムや三鷹の森ジブリ美術館のように、指定管理者（利用料金制）制度も基本協定書の作り込み次第で運営権のように使うことができます。

パッケージとしてのPark-PFI

2017年（平成29）から始まった新しい公民連携の制度で、正式には「公募設置管理制度」といいます。PFIを称していますが都市公園法の制度で、いわゆるPFI法（民間資金等の活用による公共施設等の整備等の促進に関する法律）と直接の関係はありません。にもかかわらず、PFI（プライベート・ファイナンス・イニシアティブ）の言葉が意味する、資金拠出した民間が発案する公共施設整備という趣旨はよく反映されています。

Park-PFI とは、民間事業者がカフェ等の収益施設と広場等の公共スペースをセットで整備するプロジェクトです。収益施設から得られる収益を公共スペースの整備費に還元する計画の場合、民間事業者は都市公園法の特例を受けることができます。例えば設置管理許可を付与される期間は最長10年ですが、Park-PFI の特例では20年になります。カフェ等便益施設の建蔽率は通常2%ですが10%の上乗せ幅を与えられます。通常、公園内には電柱や水道管など公共性の高いものしか占有物件として認められませんが、Park-PFI の特例では看板や広告塔も認められます。なお、Park-PFI において、カフェ等の収益施設は「公募対象公園施設」、広場等の公共スペースは「特定公園施設」といいます。

もっとも、Park-PFI の特例とはいえ、本制度に拠らずとも契約上の工夫で設置管理許可の期間を20年にすることも、2%を超える建蔽率をカフェ等に設定することもできました。本章で説明してきた通り、収益施設の収益の一部を公共スペースの維持管理に回すことはPark-PFI に拠らずとも可能です。Park-PFI の本当の意義は、基本協定書を作り込み、都市公園法の運用上の工夫で取り組んできた公民連携プロジェクトが、法的な裏付けをもってパッケージ化された点にあると思います。

One Point 公民連携の役割分担の3パターン

まとめると、公民連携といった場合の公と民の役割分担は次の3パターンのいずれかに当てはまります。

1．顧客ファーストなら民、普遍的価値なら公

2．基本は民。採算の補てんは公

（派生形：整備は公、運営・集客は民）

派生形は民間の不採算をキャッシュで補てんするかキャッシュ以外で補てんするかの違いです。自治体が施設整備を負担したり、自治体が用意した施設を無償あるいは格安で賃貸したりするケースがこれに当てはまります。地方鉄道でよくみられる上限分離方式も形を変えた補てんといえます。

3．集客は公、運営と整備は民

（別表現：収益は公、費用は民。あるいは民に対する収入保証）

施設の公共テイストが強い、あるいは採算が見込めず民間には責任が負えないことから自治体が集客に責任をもつケースです。民間は技術的能力を活かし施設整備費の削減を図ります。完成後の施設運営も点検・修繕込みで担います。

なお、本書の文脈で公民連携といえるか微妙なところですが、単なる人件費削減、ローコストオペレーション目的の民間委託も少なくありません。構内請負のようなタイプの委託で、民間事業者の看板も裁量もなく、公共施設での窓口業務や事務、ビルメンテナンスを代行するものです。従来公務員がしていた業務を置き換えたものなので、指定管理者といっても自主事業がサラリーマンの副業のように捉えられ、施設によっては歓迎されないところもあるようです。

連結収支と３方よしの関係

1 自治体直営ケースの真の収支

合算収支

最後に、公民連携による３方よしを収支面から検証する方法について考えます。

公民連携は自治体と民間事業者が分担して取組むものです。従来自治体が単独で直営していたものが自治体と民間事業者に分担されます。要するに、**公民連携の前後で経営改善したか否かを評価するにあたっては、従前は自治体の収支、従後は自治体と民間事業者の合算収支で比較しなければなりません**（図表 4･6）。

公民連携タイプ別の合算収支

まずは比較対象となる自治体直営ケースの収支です。図表 4･6 の「公設公営」の列がそれにあたります。この列は公共施設に関する平年度ベースの収支見込を示しています。総収入の主なものは利用料金、総費用で大きなものは維持管理・運営にかかる人件費、その他の経費です。減価償却費とは施設整備にかかった費用を単年度に按分したものです。後述する「行政コスト計算書」を作成していない場合は、施設整備にあたって調達した借入金の元金返済額に置き換えても構いません。施設整備にかかった支払利息も計上します。5 億 8,500 万円の赤字です。

次は公設民営タイプの公民連携です。施設整備が自治体（公）、運営は

図表 4･6　公民連結による比較

（単位：百万円）

	公設公営	公設民営タイプ			民設公営タイプ			民設民営タイプ		
	公＝全体	公	民	全体	公	民	全体	公	民	全体
総収益	100	-	210	120	100	655	100	-	695	150
（相殺消去前）				(120)			(755)			(695)
利用料金	100	-	120	120	100	-	100	-	150	150
受託料／補助金	-	-	90	(90)	-	655	(655)	-	545	(545)
総費用	685	575	190	675	675	635	655	555	655	665
（相殺消去前）				(765)			(1,310)			(1,210)
人件費	220	110	100	210	20	190	210	10	210	220
その他経費	190	100	90	190	-	190	190	-	190	190
委託料／補助金	-	90	-	(90)	655	-	(655)	545	-	(545)
減価償却費	250	250	-	250	-	225	225	-	225	225
支払利息	25	25	-	25	-	30	30	-	30	30
差引	-585	-575	20	-555	-575	20	-555	-555	40	-515
	公的・純負担	公的負担	利益	純負担	公的負担	利益	純負担	公的負担	利益	純負担

出所：筆者作成

民間事業者（民）の分担です。自治体が整備した公共施設の運営を民間事業者が受託するケースです。特徴として、施設会計から運営会計に 9,000 万円の委託料が支払われています。民間の経営能力を活かして自治体直営ケースに比べ利用料金の水準が高くなっています。2,000 万円の黒字見込みですが、減価償却費や支払利息など施設関連の経費は自治体が負担しています。ランニングコストの範囲で維持管理・運営費を分担していますが、受託料の援助があるので施設使用料は支払っていません。

その次は**サービス購入型 PFI など民設公営タイプの官民連携です**。民間の技術的能力を活かした施設コストの節減を目指すものです。施設の整備や維持管理にかかるコストは委託料（サービス購入料）の形式で自治体が負担します。自治体は施設サービスを購入し、集客をします。切り口を変えれば、集客不振リスクを嫌う民間事業者のため、自治体が最低収入保証を提供するようなものです。一括借上げ（サブリース）にも似ています。

最後が**民設民営タイプの公民連携の収支です**。民間事業者が自ら計画し、自己負担で施設整備し、工夫を凝らした集客で設備投資を回収します。公設タイプに比べ施設整備費は抑えられ、公設民営タイプより利用料金が高くなっています。それでも民間単独での黒字化は難しく、自治体から5億4,500万円の運営補助金を受給する想定です。

2 公民連携ケースの収支見込の見方

公民連携の“3方よし”を検討するにあたって、第1の視点の公的負担の削減は合算収支のどこに着眼するべきでしょうか。1つの考え方は民間事業者に対する委託料、補助金の水準です。ただしこれでは施設にかかる公的負担のすべてを捉えたことにはなりません。図表4･6の「公的負担」を付したアミカケ部分、すなわち、公設公営の5億8,500万円、公設民営タイプの5億7,500万円、民設公営タイプの5億7,500万円、民設民営タイプの5億5,500万円が公的負担の額となります。

第2の民間ビジネス視点は言うまでもなく民間事業者の損益です。図表4･6では民設民営タイプがもっとも儲かっています。

重要なのが第3の住民視点です。これを評価するにはそれぞれの公民連携タイプにおける施設の純負担を比較します。公設公営は公的負担と純負担が同一です。公設民営タイプの純負担は5億5,500万円、民設公営タイプも同額で、どちらも公設公営タイプに比べ3,000万円節約できました。民設民営タイプは5億1,500万円とさらなるコスト削減となり、公設公営に比べ7,000万円の節約効果となっています。

純負担の削減幅は公的負担の削減幅と民間事業者の利益を合算したものです。逆にいえば、純負担の削減効果を公民で分け合っている構図となります。自治体は公的負担が節約でき（第1の視点）、民間事業者は利益を計上し（第2の視点）、公園施設にかかる純負担が削減でき（第3の視点)、3方よしが成立します。

公民連携事業とは、民間企業の生命力を注入することで公共施設の付加価値を上げ、それを民間企業の利益と自治体の負担削減に配分するシステムです。したがってその評価も自治体の負担軽減、民間企業の利益そして公共施設の付加価値向上の3つの視点に帰結します。

3 純コストの低減は事後検証も重要

図表の想定は、対象の公共施設について直営がよいか公民連携がよいか、公民連携ならどのような役割分担がよいかの検討に使われるものです。問題は検討後、忘れられがちなのが事業開始後のモニタリングです。むしろ施設の完成後が本番です。

さて、図表から民設民営タイプがもっとも効果的だとわかりました。"3方よし"の評価軸に照らしもっとも理に適っています。

しかし、この時点ではあくまで「見込み」であって、実際にその通りに推移するかはモニタリングしてみなければわかりません。

実際の公民連携事例においてモニタリングを継続的に実施するケースは多くありません。自治体の支出は契約締結でほぼ決まり、それ以降に追加支出する可能性が低いからです。しかしそれでは3方よしは自治体の支出削減の視点しか検証できません。

事業期間中のモニタリングは実際にどうすればよいのでしょうか。まず必要なのは**公共施設の経営を担う民間企業から財務諸表を毎期徴求すること**です。財務諸表から把握した民間企業の収支を自治体の収支と合算し、公民連携施設の事業全体の収支を計算します。これをもって"3方よし"を検証することになります。

4 連携効果の検証に必要な課題

自治体側の課題——施設別の行政コスト計算書

公民連携の検証に収支合算が欠かせません。しかし、現実的には自治体側、民間側の双方に課題が残されています。

自治体側の課題は、公共施設別にセグメントした収支報告書を作成することです。自治体の行政サービスの原価計算書である「行政コスト計算書」がその足がかりとなります。連携効果の検証に使うには、行政コスト計算書を公共施設別にセグメントしなければなりません。

施設整備費を単年度ベースに按分した減価償却費、借入金にかかる支払利息を合わせたフルコスト計算が必要です。減価償却費、支払利息だけではありません。民間でいう本部経費、すなわち自治体の総務部門に属する職員の人件費や、本庁舎の維持負担金にかかる分担金の計上も必要です。一言でいえば**民間企業の損益計算書と仕様を揃えた行政コスト計算書を作ることです**。

民間側の課題——施設別の損益計算書

民間事業者側の課題は何でしょうか。まずは提出される収支報告書が企業会計に準じた損益計算書であることです。次にそれが正確であることです。自治体は、予算が余るのを「不用額」と称し嫌う傾向があります。民間の努力による利益を「不用額」と混同し、委託費を減額する習性が働きがちです。それを警戒した民間は利益を意図して控えめに計上するようになります。正確性を担保するには、確定申告書つきの財務諸表の提出を求める必要があると考えられます。

損益計算書も収益と利益の開示のみでは不十分です。人件費、維持管理費、減価償却費、支払利息など、公民連結と財務分析に最低限必要な科目は表示されるべきです。また、**公民連携において特に重要な開示項目は「関連当事者との取引に関する注記」です**。連結にあたっての合算消去に必要なだけでなく、自治体との収入支出から財政的支援の内容を知ることができるからです。

民間事業者の内部の連結収支

関連当事者との取引については、親会社その他グループ会社との資金の流れを明らかにすることも重要です。親会社への資金の流れは事実上の利益配当でないことの確認が必要です。例えば、内訳科目のうち「本社経費」「PFI 手数料」「技術指導料」などがあった場合、支払額に見合うサービス実態があるか精査が必要です。「本社経費」は人事労務・会計業務を親会社が請け負う「シェアードサービス使用料」という科目になっているケースもあります。サブスクリプションのような定額払いか、収益あるいは利益連動か、案件毎支払いかも把握しておきましょう。公共施設を運営する会社に親会社が金銭を貸し付け、利息の形式で利益を得るケースもあります。グループ会社も同様です。グループ会社への委託が利益分散でないことを確認します。公共施設の運営を自治体から受託した民間事業者が、その子会社や関連会社に実務を再委託するケースもあります。元請の民間事業者の収支がトントンないし赤字であっても、利益は子会社や関連会社で計上できているような具合です。再委託先が子会社や関連会社の場合、受託して公共施設を運営する民間事業者には少なくとも関連当事者との取引内容の開示、ひいてはグループ連結開示を求めるべきと考えられます。

現状、指定管理者の収支報告書の様式、開示の「粒度」に関して明確なルールがありません。これが単純業務の外注や工事発注ならあえて原価を開示しない理屈もあるでしょう。継続的に公共施設の経営を担っている、あるいは経営にあたって自治体から有形無形の支援を受けている事業については、公民連結に足るレベルの決算開示が求められてしかるべきです。

CHAPTER

5

公園でつながるまちづくりへ

最終章のテーマは公園を活かしたまちづくりです。パークマネジメントの源流をたどればまちづくりに帰着し、また、パークマネジメントの行く末もまちづくりに通じています。
都市公園全体をプロデュースする、いわゆる「面」のパークマネジメントで説明した通り、公園は周囲の街をつなぐ機能を持ちます。これを市街地全体に敷衍したのが公園を活かしたまちづくりです。
時代とともに街の拠点は移転あるいは分散してきました。これら拠点を一段高いレイヤーで一体化するのが他でもない公園です。公園が新たな都市軸となり、分散した街にまとまりをもたらし、歴史と自然をコンセプトに住まう街として再生することをもって、本書では「公園まちづくり」と呼ぶこととします。

公園街路とスタジアムでつくる横浜の街の軸線

1　日本初の西洋式街路・日本大通と緑の軸線

1971年（昭和46）に都市デザイン室を立ち上げて以来の都市デザイン

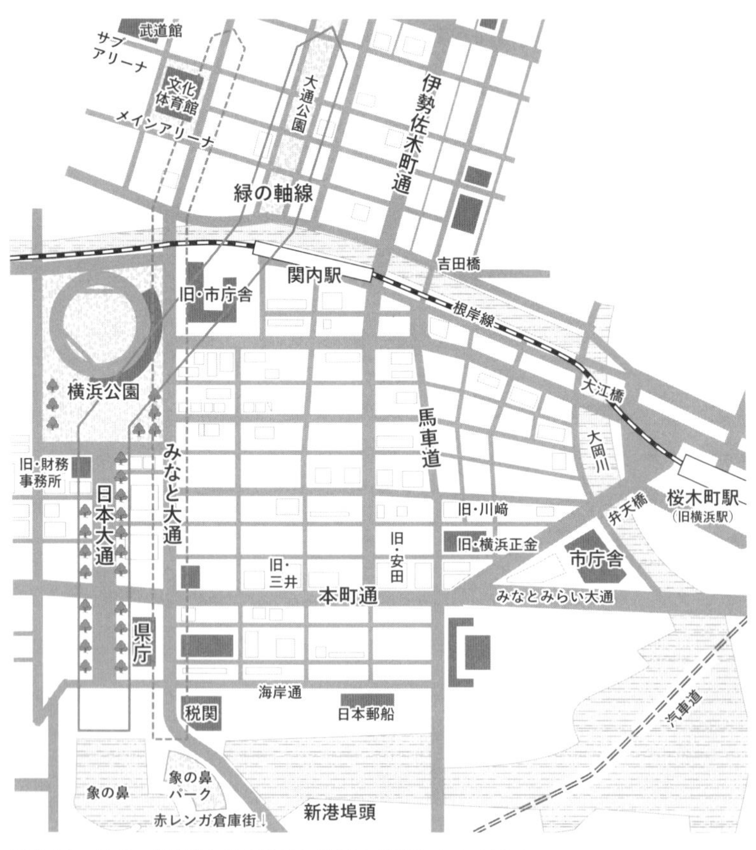

図表5･1　スポーツ施設と緑の軸線と横浜の市街地（出所：筆者作成）

の先駆、横浜市における関内・関外地区のまちづくりです。

筆者が着眼するのは「関内駅周辺地区エリアコンセプトプラン」の前提となる2つの都市軸です。ひとつは日本大通から横浜公園に突きあたり、横浜スタジアムの円弧に沿って迂回。横浜市旧庁舎の敷地を通り抜け、関外の大通公園に至る軸、**「緑の軸線」**です。

図表5･1を見るとわかるように関内は横浜スタジアムと日本大通が街の背骨のようです。「観るスポーツ」施設が街の中心になる点、ローマのコロッセオを想起させます。

日本大通は1870年（明治3）にR・H・ブラントンが設計したわが国初の西洋式街路です。2002年（平成14）に完成した再整備事業によって車道が22 mから9 mに減幅され4車線から2車線になりました。減らした車線のうち植樹帯に接する両側1車線は広い歩道になりました。休日になれば歩道にオープンカフェが並びます。図表5･2はイベント開催で歩行者専用になった日本大通の風景です。手前に見える近代建築は1927

図表5･2　日本大通（出所：筆者撮影）

年（昭和2）に建てられた旧関東財務局横浜財務事務所です。現在は横浜DeNAベイスターズのTHE BAYSで球団のコンセプトショップ等が入っています。

活性化の牽引役と期待されるのが関内駅周辺です。2020年（令和2）の関内駅周辺地区エリアコンセプトプランでは関内駅周辺が「国際的な産学連携」「観光・集客」の拠点と位置付けられました。目玉のひとつが旧横浜市庁舎の再整備です。旧庁舎は村野藤吾の設計で1959年（昭和34）の竣工。モダニズム建築の傑作として知られています。その歴史的価値から保存されることとなり、行政棟をリノベーションのうえ、ホテルに生まれ変わることになりました。区画内には30階建タワー棟を新築。低層階にはライブビューイング施設や商業施設を置き、一大集客拠点となる予定です。

2 シンボルロード化が期待されるみなと大通

もうひとつの軸線が**みなと大通**です。みなと大通の南端には、新港の赤レンガ倉庫群と山下公園をつなぐ「象の鼻パーク」があります。象の鼻パークのレストハウス「象の鼻テラス」の向かい側には横浜税関の庁舎があります（図表5･3）。みなと大通に沿って神奈川県庁、開港記念館があります。要するに、みなと大通は税関、県庁、開港記念会館の横浜3塔をつなぐ通りでもあります。みなと大通は、象の鼻パークから横浜3塔を通り、横浜スタジアムと横浜市旧庁舎の間を抜け、横浜文化体育館に至る軸線となります。

今後、日本大通のように車道を減らし歩道を拡げ、歩行者中心のシンボルロードになる見通しです。これによって、横浜の近代遺産と新たな集客装置を点から線、そして面の脈絡になります。劇場型スポーツ施設を中心に公園化した街路が軸となり、エリアに散らばるコンテンツの輝きがあた

図表 5・3　横浜税関そばからみなと大通を見通す（出所：著者撮影）

かも星座のように脈絡を持ちます。集客が回遊を生み、関内駅を中心に関内周辺エリアの活性化が期待されます。

目下、横浜文化体育館の再整備事業が進んでおり3,500席規模のサブアリーナ（武道館）は2020年（令和2）に完成。2024年（令和6）には5,000席規模のメインアリーナが完成します。

緑の軸線には横浜スタジアム、みなと大通には横浜文化体育館アリーナというように、屋内外のスポーツ施設が軸線上にあり、それぞれ街の集客装置となっている点が興味深いです。

分散した街を「まちの大広間」で一体化した熊本市

1　令和の再開発が示す街の未来像

次の事例は熊本市です。「熊本城と庭つづき、まちの大広間」をコンセプトにシンボルプロムナード一帯をオープンスペース化しました。

シンボルプロムナードは直線で熊本城につながっています。道の向こうには熊本城天守閣が見えるようになっています（図表 5･4）。シンボルプロムナードは市街の南北のメインストリートの電車通りを並行しており、この２本の道の間は花畑公園、花畑広場としてオープンスペース化されています。花畑公園、花畑広場を中央分離帯とした大通公園と解すること

図表 5･4　シンボルプロムナードから臨む熊本城（提供：熊本市）

もできます。

シンボルプロムナードに隣接して西側は桜町地区市街地再開発事業で新しい街ができました。バスターミナルが開業。商業棟やホテルを擁する複合施設「サクラマチクマモト」が開業しました。12月には熊本城ホールがグランドオープンを迎えました。

一連の再開発は、2014年（平成26）、桜町・花畑周辺地区まちづくりマネジメント基本計画が基になっています。このうち桜町・花畑地区オープンスペース整備事業は、シンボルプロムナード一帯が、熊本城地区、通町筋・桜町周辺地区、新町・古町地区、熊本駅周辺地区をつなぐ“かすがい”となることがコンセプトです。

2 明治・大正の中心地で古い町並みが残る古町・新町エリア

新町・古町地区は熊本の古い街並みが残るエリアです（図表5･5）。明治・大正期、熊本市街の中心は古町で、メインストリートは唐人町通でした。舟運が主な交通手段だった時代を反映し、坪井川の河岸が繁栄していました。坪井川に架かる石造の眼鏡橋が明十橋です（図表5･6）。皇居の二重橋を手掛けた石工、橋本勘五郎によるもので、「明治10年」（1877）に架けられたことが名前の由来です。

明十橋のたもとに1919年（大正8）築の旧第一銀行があります。取り壊しの危機に瀕したこともありましたが、市民団体の尽力で免れました。国の登録有形文化財に指定され、連続するアーチ窓が特徴の鉄筋コンクリート2階建は今も現役のオフィスビルです。坪井川にかかる眼鏡橋と銀行建築の構図は、熊本の近代を代表する古町の風景となりました。

唐人町通には日本勧業銀行の熊本支店もありました。一筋南の電車通りには安田銀行（現みずほ銀行）、住友銀行（現三井住友銀行）の支店、当地一番行の肥後銀行の本店がありました。このうち旧住友銀行の建物が現

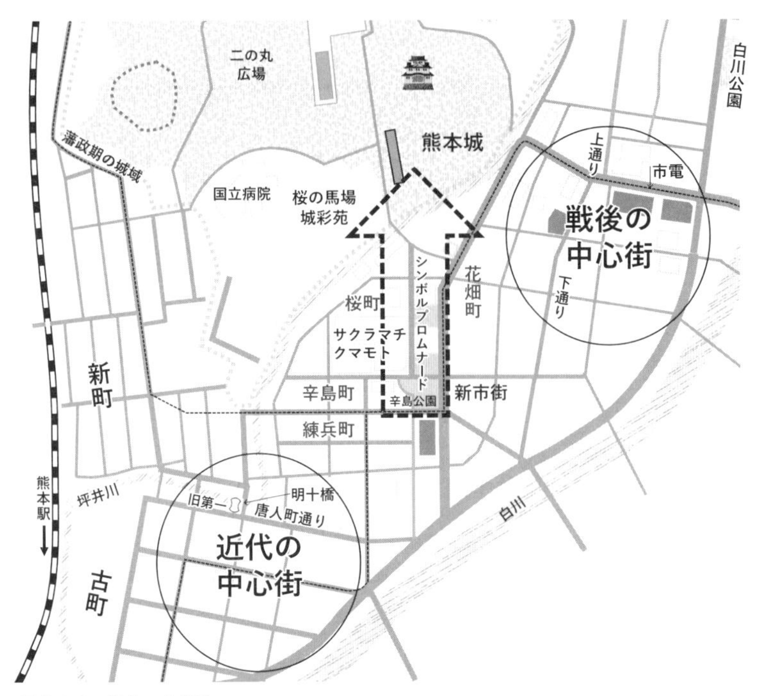

図表 5･5　熊本の市街地（出所：筆者作成）

図表 5･6　明十橋と旧第一銀行熊本支店（提供：熊本市）

存しています。1934年（昭和9）築の鉄筋コンクリート造3階建。アーチ状の柱が印象的なギリシャ様式です。

3 戦後繁栄した通町筋

明治・大正の中心街が唐人町通をメインストリートとした古町界隈だとすれば、戦後の中心街は今に至る通町筋です。

きっかけは1899年（明治32）に着工した練兵場、第23連隊の跡地開発でした。市電が開通し、新市街にビルが建ちはじめオフィス街に成長しました。1960年（昭和35）の最高路線価地点は通町筋の「手取本町新世界グリル前」になっていました。その後現在に至るまで当地が熊本市で最も路線価が高い地点です。2020年（令和2）に閉店した熊本パルコの場所にありました。

今回、シンボルプロムナードの完成を機に、明治・大正時代の中心だった古町・新町エリアと戦後の中心地の通町筋がオープンスペースを通じて一体化することが期待されます。

シンボルプロムナードの先には熊本城公園（総合公園、54.3 ha）があります。入口には、2011年（平成23）3月、熊本の歴史と文化の発信および地元物産の販売促進をコンセプトに、歴史文化体験施設の「わくわく座」（桜の馬場観光交流施設）、飲食物販施設の「桜の小路」が開業しました。わくわく座はPFI方式、桜の小路は設置許可方式で整備された公園施設です。CHAPTER 2で紹介した大阪城公園パークマネジメントと同じく、城を集客装置とした収益施設の位置づけです。

参道を軸としたさいたま市の連鎖型まちづくり

1 氷川参道を軸とした街の再構成

さいたま市大宮区の事例です。一の鳥居から氷川神社までおよそ２㎞にわたる氷川参道は木漏れ日が気持ち良いケヤキ並木の散歩道です（図表5･7）。そして大宮の発祥から現代そして未来に渡って不動の南北軸でもあります。軸の北端には大宮公園があって武蔵一宮氷上神社が鎮座し、南端にはさいたま新都心が求心力を放っています。

氷川参道の南北両端からほぼ等距離の地点には、首都圏の玄関口たる大宮駅があります。軸線とその北と南と西に位置する拠点が街の一体感を生

図表 5･7　中山道から分岐する氷川参道の入口と一の鳥居（出所：筆者撮影）

み出しています。鉄道開通に端を発し、製糸業が盛んになって街が拡大。その後製糸業は衰退して跡地に新たな街ができました。いったん分散したかのようにみえた拠点が不動の都市軸に回帰することで再びひとつにまとまりました。

2 新幹線の開通をきっかけに街は大宮駅の東口から西口へ

他の地方都市と同様、大宮の街の中心も主要交通手段の変遷に伴って移り変わってきました（図表5･8）。明治に入り、大宮の街の構造を大きく変えるきっかけとなったのは、1885年（明治18）に開通した日本鉄道、今の東北本線の大宮駅の開業です。先行開通していた高崎線から分岐する乗換駅となり、1894年（明治27）には国鉄大宮工場の前身となる工場もでき、大宮は鉄道の町と呼ばれるようにもなりました。

1959年（昭和34）の最高路線価地点は、「大門町一丁目中地ミシン店駅側通」でした。大宮駅東口の真正面の道です。1952年（昭和27)、大宮銀座にアーケードが架けられました。昭和40年代には駅前に大型店の進出が相次ぎます。1966年（昭和41）の大宮中央デパート、1968年（昭和43）から3年連続で長崎屋、西武百貨店、十字屋が開店しました。1970年（昭和45）には駅前から続く中央通に高島屋がオープンしました。

その後、大宮の一等地は駅東口から西口に代わりました。背景は1982年（昭和57）に開通した東北新幹線です。西口は、真新しい新幹線駅を背中にペデストリアンデッキが縦横に広がる風景に一変しました。大宮駅前西口地区の再開発事業が進められ、新幹線が開通した年に丸井、ダイエーが開店、1987年（昭和62）にはそごうが西口に進出しました。さらにその翌年、地上31階建の大宮ソニックシティビルが完成。西口一帯の風景が大きく変わりました。1992年（平成4）には最高路線価地点が東口から「桜木町2丁目旧マスクラ写真館前大宮駅西口広場」に変わりました。

図表 5・8　氷川参道と大宮の街（出所：筆者作成）

3　2000 年代の街のさいたま新都心

最高路線価地点が西口に移転するのに前後して、元の国鉄大宮操車場の場所にもうひとつの街の建設が始まりました。さいたま新都心です。1991 年（平成 3）に着工。1999 年（平成 11）に名称が「さいたま新都心」に決まり、翌年にまちびらきとなりました。まちびらきの年には最大

37,000席を擁するさいたまスーパーアリーナがオープンしています。

さいたま新都心のエリア中央には人工地盤に森が植栽された“けやきひろば”、その南側に月のひろばがあります。これらのひろばを囲むかたちで官公庁や民間企業のオフィスビル、シティホテルの他、さいたま赤十字病院などが立ち並んでいます。

かつて片倉製糸場だった区画は、郊外型の大型ショッピングモール「コクーンシティ」となりました。さいたま新都心はさいたま新都心駅を擁する駅前立地ですが、国道17号バイパスだけでなく首都高速の便もよく、駅前とロードサイドの両方の特性を合わせ持ちます。

以上のように、大宮の中心街は大宮駅東口（中山道）、駅西口、そしてさいたま新都心の3つに分散しています。伝統的な中心街、ペデストリアンデッキが拡がる東北新幹線が開通した時代の中心街、そしてけやきひろばを中心とした高層ビルの集積と郊外型ショッピングモールが道路を挟んで隣り合う新しい中心街と、それぞれ時代とタイプが異なる街が並列しています。

4　公共施設再編と連鎖型まちづくり

西口に水をあけられ、さいたま新都心の吸引力に押される東口旧市街ですが、2010年（平成22）に策定された「大宮駅周辺地域戦略ビジョン」を基に新しいまちづくりが進んでいます。具体策のなかで目をひくのが、「公共施設再編による連鎖型まちづくり」。氷川参道に沿って点在する公共施設をたまつき式に再整備し、氷川参道を都市軸に新たな魅力をつくるプロジェクトです。

2019年（令和元）、氷川参道沿いに大宮区役所の新庁舎が完成しました。歴史を辿れば山丸製糸場があった場所です。以前の区役所は中央通にありました。新庁舎には大宮図書館も同居します。それまで参道の一の鳥居に近いところにあった図書館を持ってきました。駅前の旧市街とさいたま新都心の中間に市の中心機能を配置することで、南北に分かれた都心の一体化を図っています。

新庁舎のオープンに合わせ区役所に面する参道を歩行者専用にしました。沿道のオープンカフェがケヤキ並木の風景に溶け込んでいます（図表5･9）。氷川参道の周囲は元々静かな住宅地でとくに西側は都市型マンションが多く立地しています。生活エリアに緑豊かな散歩道ができ、図書館やカフェ・レストランが充実するなどしてエリアの魅力が高まることが期待されます。

移転に伴って空いた旧図書館はリノベーションされ、2021年（令和3）、大宮のコモンプレイスBibli（ビブリ）になりました。事業主体の民間グループは市から旧図書館を定期賃借権方式で借り受けています。1階にはオーガニック青果物専門店、ベーカリー、全国の公務員バイヤーによるアンテナショップはじめ個性的な店が入居しています。

図表5･9　歩道化された参道に沿ってオープンカフェが増えている（出所：筆者撮影）

浅草公園にみるパークマネジメントの原型

1　六区はじめ周囲の歓楽街は公園の財源

最後に浅草公園の話をします。

浅草公園は、1873年(明治6)の太政官布達を経緯とする都市公園の第1期生です。明治末期における浅草公園の範囲は図表5･10の通りです。浅草寺の境内のみならずその外縁の広い部分が公園地に指定されていました。外縁部から得られる地代家賃を都市公園の維持管理費の財源にする目論見です。

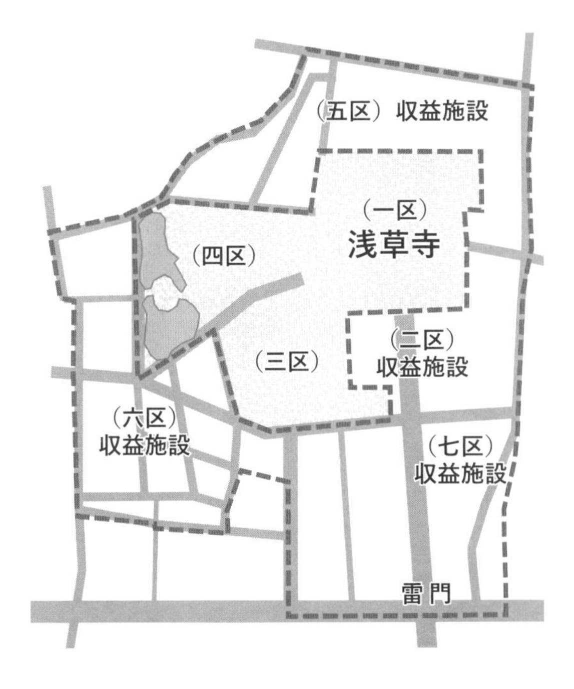

図表5･10　明治末期における浅草公園の範囲（出所：筆者作成）

公園を所管する当時の東京府は、公園経営にあたって東京商工会議所の前身の営繕会議所から提言を受けています。「公園地域の半分は真の公園地とし、残りの半分は免税地として貸座敷、飲食店を許可し、その地代・家屋税を徴して公園入費に充てる」というものです。これが基本方針となり、戦前まで東京の都市公園は独立採算制の下で運営されていました。

特に浅草公園の貢献度は高く、その公園使用料は他の公園の財源にもなっていました。一時期は使用料全体の8割を占めていたほどです。

その後、浅草公園は6つの“区”に分けられました。一区は狭義の浅草寺境内、二区は仲見世、三区は伝法院周辺、四区は瓢箪池を擁する庭園一帯。五区は現在の花やしきから観音堂裏手にかけて。六区が現在の六区ブロードウェイを縦軸とする歓楽街です。戦後、公園が廃止され区割制が無くなっても「浅草六区」というエリア名が現代に残っています。

2　水辺のまちづくりに再生した浅草公園

浅草公園はいったん廃止されますが、昨今の状況を振り返ると、旧浅草駅だった東京スカイツリー駅から旧浅草公園を含む広いエリアで復活を遂げているように思われます。

東京スカイツリーは2012年（平成24）に竣工しました。東京スカイツリータウンから浅草寺まで緑地帯が連続し、まちレベルで公園化したようにみえます。東京スカイツリータウンの南面に沿って流れる北十間川は街を緑で彩る公園になりました（図表5・11）。

河岸に並行する高架下には2020年（令和2）、商業施設「東京ミズマチ」がオープン。河岸に沿ってしばらく歩くと高架の北側に視界が拡がり、隅田公園が見えます。公園に面した東武電車の高架下に東京ミズマチのベーカリーやカフェがあり、テイクアウトして公園で楽しめます（図表5・12）。隅田公園は隅田川の両岸が公園区域で、関東大震災の復興事業の

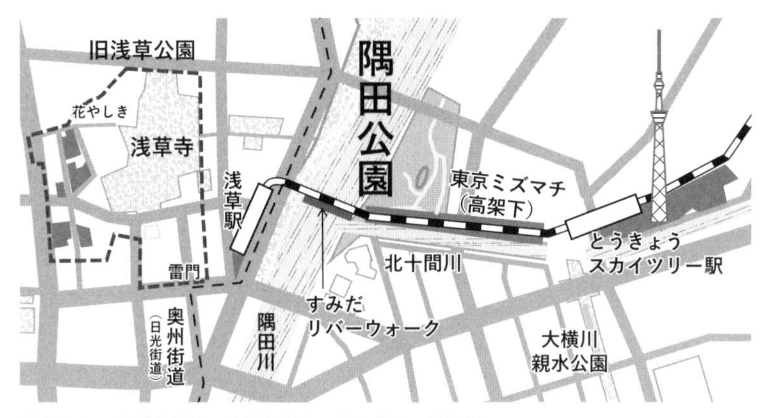

図表 5･11　旧浅草公園の位置と現在の隅田公園の周辺図（出所：筆者作成）

図表 5･12　東京スカイツイリーと東京ミズマチ（出所：筆者撮影）

一環で整備されました。桜と隅田川花火大会で有名です。歩行者専用橋のすみだリバーウォークで浅草側に渡ると、河岸にタリーズコーヒーがあります。2013年（平成25)、台東区との連携事業でできた都内初めての河岸オープンカフェです。

浅草は江戸情緒を楽しめるわが国屈指の観光地として活気を取り戻しています。浅草駅は駅開業当時のアール・デコ様式に復元されました。台東区ベースの計数ですが、新型コロナウィルス感染症が流行する前の2018年（平成30）の年間観光客数は5,583万人と、10年で1.4倍になりました。うち外国人は5倍増の953万人。2013年（平成25)、浅草一丁目雷門通りが浅草税務署管内の最高路線価地点に返り咲きます。

思えば浅草公園もそれ自体が街でした。緑のオープンスペースと周辺の商業施設、アトラクションの組み合わせが互いに好循環をもたらしています。新・旧浅草駅の間のエリア単位で浅草公園が復活したかのようです。

3 浅草公園にみるパークマネジメントの原型

浅草公園から公園まちづくりの3層構造がうかがえます（図表5·13)。戦前の浅草公園は、浅草寺境内を含む狭義の公園と、公園の集客効果が及ぶエリアを含んでいました。狭義の公園を第1階層とすれば、浅草公園の範囲は第2階層といえます。浅草公園はそれ自体が「街」でした。狭義の公園の集客効果が及ぶ範囲に収益施設を配置し、そこから使用料を徴収しました。使用料は狭義の公園の維持財源に充てられます。収益施設と公共スペースの循環構造がみてとます。

さらに外側の第3階層を示唆するのが、東京スカイツリーから旧浅草公園に至るエリアの公園まちづくりです。公園、街路そして河川で一体化した街そのものです。公園まちづくりの第3階層といえるでしょう。本書で説明してきた、公園と収益施設の好循環、公園を新たな軸とした街の一体化が浅草エリアにコンパクトに表れています。

最後に、パークマネジメントの先にある公園まちづくりへの期待を込めて本書を締めくくりたいと思います。

街の発展史をふりかえると、徒歩と舟運、鉄道から自動車に交通手段の変化に従って街の風景が変遷していることがうかがえます。街の中心も移り変わってきました。自動車の時代になり、徒歩と舟運の時代に栄えた旧市街はシャッター街化が進んでいます。地方にいけばいくほど顕著です。

ここで視点を変えてみましょう。空洞化した街の細い道も駐車場がない街も「住まう街」となれば強みとなります。旧市街に残る町家や近代建築、旧街道と運河が歩いて楽しいウォーカブルシティを彩ります。

面のパークマネジメントで説明した通り、公園は周囲の街を広場でつなぐ機能を持ちます。街の発展の過程で分散した拠点を一段高いレイヤーで一体化することができます。**公園（と街路）が分散した街にまとまりをもたらし、歴史と自然をコンセプトに住まう街として再生することをもって、本書では「公園まちづくり」と定義します**。

公園まちづくりで目指すのは、街が魅力的になることで自分の街を大切に思うこと、帰属意識を高めることです。シビックプライドあるいはシチズンシップということもできます。持続可能な開発目標、SDGsでいえば、目標11の「住み続けられるまちづくりを」です。目標17「パートナーシップで目標を達成しよう」は本書を貫く公民連携にも通じます。

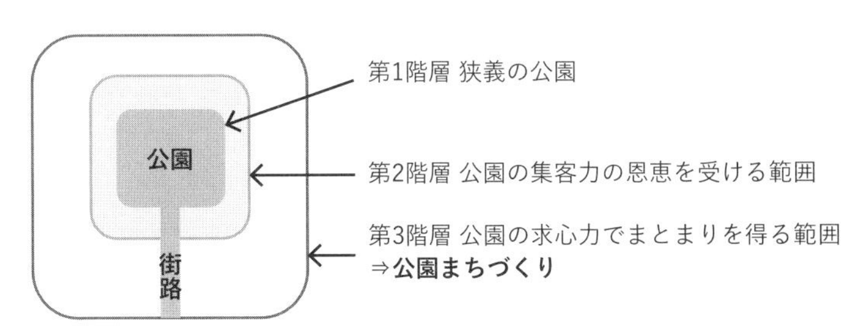

図表5・13　公園まちづくりの3層構造（出所：筆者作成）

おわりに

本書の執筆にあたって伝えたかったことがいくつかあります。まずは「あるべき公園はひとつではない」ことです。子育て、自然保護、地域活性化など様々な役割を地域でバランスよく分担するのがポイントです。図書館など他の公共施設にも同じことがいえる点、公共施設マネジメントにおける普遍的な教訓だと思います。

次に、点から面へ、面からまちづくりへという本書の構成は、公園が最終的にまちづくりに帰結することを示しています。本書を通じて公園の持つポテンシャルを感じていただければ幸いです。

明治の浅草公園から昭和の横浜スタジアム、最近のイイナパーク川口、Park-PFIの話題まで、時代は違っても公民連携の基本は案外変わっていません。これも本書で伝えたかったことのひとつです。指定管理者制度からPFIまで手法は多岐にわたりますが、その源流は昭和いや明治に遡ります。

一方、連結収支の論点など経営マネジメント面について、公民連携はまだ洗練の余地があるように思います。SDGsの文脈で「持続可能性」が言われますが、地球環境面の持続可能性はもとより、経営の持続可能性が重要です。特に自治体の公共サービスにおいて忘れられがちな視点だと思います。この点「稼ぐ公園」も誤解されがちなキーワードです。営利追求よりむしろ持続可能性の文脈で捉えられるべきだからです。

筆を置くにあたって、そもそも本書で何を伝えたかったのかをあらためてふりかえってみた次第です。まずはここまでお読みいただきありがとうございます。心から御礼申し上げます。

最後に、2021年に上梓した『自治体の財政診断入門』に引き続き本書を担当いただいた学芸出版社の松本優真様に御礼申し上げます。事例研究にあたっては関係自治体、民間事業者の皆様にお世話になりました。ありがとうございました。

主な参考文献

- 国土交通省都市局公園緑地・景観課(2022)令和3年度都市公園利用実態調査報告書(抄)都市公園法研究会(2014)都市公園法解説(改訂新版)、日本公園緑地協会
- 山下誠通(1994)横浜スタジアム物語、神奈川新聞社
- 森清、有岡三恵(2016)ガンバ大阪「吹田スタジアム」、低コスト・短納期のワケ、『日経アーキテクチュア2016年5月18日
- 安井建築設計事務所「市立吹田サッカースタジアム」(パンフレット)
- 澤山大輔(2016)圧倒的に素晴らしい市立吹田サッカースタジアムは、なぜ安価で建設できたのか?キーマンに聞く建築秘話、スポーツマーケティング・ナレッジ(2022年8月31日現在リンク切れ)
- 東京案内浅草公園の図(1907)写真の中の明治・大正(国立国会図書館)
- 東京都公園協会(1954)東京の公園80年
- 東京都建設局建設緑地部(1963)東京の公園その90年のあゆみ
- 東京都建設局公園緑地部(1995)東京の公園120年
- 横浜市(2010)関内・関外地区活性化推進計画
- 横浜市(2015)横浜市都心臨海部再生マスタープラン
- さいたま市(2010)大宮駅周辺地域戦略ビジョン
- 横浜市(2015)横浜都市デザインビジョン
- 横浜市(2020)関内駅周辺地区エリアコンセプトプラン
- さいたま市(2018)大宮駅東口周辺公共施設再編/公共施設跡地活用全体方針
- 東京市浅草区(1914)浅草区史上巻
- 東京都台東区(1955)台東区史上巻
- 土木学会建設マネジメント委員会インフラPFI/PPP研究小委員会(編)(2021)公共調達における事業手法の選択基準:VFM(なお3.1.2 VFMの源泉から3.2.7 モニタリングまで(56~75ページ)筆者の分担執筆)
- 鈴木文彦(2016)日経グローカル・自治体財政改善のヒント第7回「稼ぐ公立スポーツ施設で財政改善」
- 同(2018)第23回「公園の維持費をどう減らすか」
- 同(2018)第27回「『負担付き寄付』の対価で得る『運営権』自治体の負担なく整備したジブリ美術館」
- 同(2018)第31回「市民の出資で整備した横浜スタジアム」
- 同(2019)第39回「大阪城公園の財政改善効果」
- 同(2019)第41回「官民連携の効果をどう検証するか」
- 同(2019)第43回「南池袋公園のパークマネジメント」
- 同(2019)第44回「4万席140億円のスタジアム」
- 同(2020)第46回「駅上スペースの有効活用」
- 同(2020)第52回「千葉・稲毛海浜公園の民間資金活用型プロポーザル方式」
- 同(2020)第56回「一石二鳥の公園マネジメント」
- 同(2022)第74回「都市公園を起点とした地域活性化の検討」
- 同(2022)第76回「遊園地経営も観光も大事なのは閑散期対策」
- 同(2022)第77回「都市公園の役割分担をどうすべきか」
- 同(2020)第80回「ハイウェイオアシスを介した公民連携」

他多数。特に、CHAPTER 2、3の15事例については、募集当時の自治体のウェブサイトから、あるいは情報公開請求で得た資料を元にしている。具体的には事業計画書(契約時および各年度)、事業報告書(各年度)、募集要項、要求水準書、各種協定書、契約書等がある。

〈著者略歴〉

鈴木文彦（すずき・ふみひこ）

大和総研主任研究員

1993 年立命館大学卒、七十七銀行入行。2004 年財務省出向（東北財務局上席専門調査員）を経て 2008 年から大和総研。中小企業診断士、FP1 級技能士。日経グローカル「自治体財政 改善のヒント」、財務省広報誌ファイナンス「路線価でひもとく街の歴史」連載中。他執筆多数。著書に『自治体の財政診断入門 「損益計算書」を作れば稼ぐ力がわかる』学芸出版社、2021 年。共著書に『地銀の次世代ビジネスモデル』日経 BP 社、2020 年。

スキーム図解
公民連携パークマネジメント
人を集め都市の価値を高める仕組み

2022 年 12 月 15 日 第 1 版第 1 刷発行
2023 年 9 月 20 日 第 1 版第 2 刷発行

著者 鈴木文彦

発行者 井口夏実

発行所 株式会社 学芸出版社
京都市下京区木津屋橋通西洞院東入
電話 075-343-0811 〒 600-8216
http://www.gakugei-pub.jp/
info@gakugei-pub.jp

編集担当 松本優真

DTP 梁川智子
装丁 テンテツキ 金子英夫
印刷 イチダ写真製版
製本 山崎紙工

ISBN978-4-7615-2835-5